Henning Fischer

Aktionsschnelligkeit beim Return im Tennis

Bachelor + Master
Publishing

Fischer, Henning: Aktionsschnelligkeit beim Return im Tennis, Hamburg, Bachelor + Master Publishing 2013
Originaltitel der Abschlussarbeit: Aktionsschnelligkeit beim Return im Tennis

Buch-ISBN: 978-3-95549-389-9
PDF-eBook-ISBN: 978-3-95549-889-4
Druck/Herstellung: Bachelor + Master Publishing, Hamburg, 2013
Covermotiv: © Kobes · Fotolia.com
Zugl. Universität Hamburg, Hamburg, Deutschland, Bachelorarbeit, August 2011

Bibliografische Information der Deutschen Nationalbibliothek:
Die Deutsche Nationalbibliothek verzeichnet diese Publikation in der Deutschen Nationalbibliografie; detaillierte bibliografische Daten sind im Internet über http://dnb.d-nb.de abrufbar.

Inhaltsverzeichnis

I Abbildungsverzeichnis

II Tabellenverzeichnis

1 Einleitung und Problemstellung

Wie komme ich überhaupt darauf, mich mit dem Return im Tennis zu befassen? In meiner beruflichen Nebentätigkeit als Tennistrainer[1] und als begeisterter Spieler[2] ist mir (zuweilen unangenehm) aufgefallen, dass durch verbessertes Material und eine verbesserte Technik es zu immer schnelleren Aufschlägen gekommen ist. Dies hat zwangsläufig zur Folge, dass ein zum Gewinnen notwendiges Break immer schwerer zu realisieren ist. Nun könnte man zu der Auffassung kommen, dass auf Grund dieser Tatsache der Aufschläger gegenüber dem Rückspieler (Returnspieler) grundsätzlich im Vorteil ist. In Abwandlung der alten Fußballer-Weisheit: *„Der Sturm gewinnt Spiele, die Abwehr Meisterschaften"* gilt für das Tennisspiel die Aussage: *"Mit dem Aufschlag gewinnt man ein Spiel, mit dem Return das Match"*. Ich bin der Meinung, dass ein guter Returnspieler, wie zum Beispiel Andre Agassi in seinen besten Zeiten, einen enormen Vorteil gegenüber Spielern hat, die sich ausschließlich auf ihren Aufschlag verlassen müssen, wie etwa Boris Becker. Im Lichte dieser Arbeitshypothese kommt dem Return also eine zentrale Bedeutung zu.

Ziel dieser Arbeit ist, die bewegungstheoretischen Anforderungen an einen guten Return zu erarbeiten. Das wiederum setzt die Analyse der Schnelligkeitsanforderungen für einen guten Return und hier insbesondere der Aktionsschnelligkeit voraus. Aus den davon abgeleiteten Erkenntnissen werden dann spezielle Trainingsprogramme entwickelt und erläutert.

Die herausragende Bedeutung von Aufschlag und Return wird auch durch folgende Statistik belegt. Durchschnittlich machen 30% aller Schläge in einem Match der Aufschlag und der Return aus. Ferner sind bereits nach Aufschlag, Return und dem nächsten Schlag über 50% aller Punkte beendet (vgl. SPECKNER et. al. 2006).

---

[1] C-Lizenz und Cardio Trainer Lizenz

[2] im folgenden verwende ich nur die männliche Form von „Spieler", die aber das weibliche Geschlecht mit einschließt

Zentral in der Untersuchung zum Return ist die Frage, wie durch gezieltes Training der Return verbessert werden kann. In diesem Zusammenhang ist natürlich zu klären: welche Anforderungen stellt das moderne Tennis an den Return, was macht eigentlich einen guten Return aus und welche Fähigkeiten müssen hierfür trainiert werden? Diese Fragen werden in der vorliegenden Arbeit systematisch beantwortet.
Die Arbeit gliedert sich wie folgt. Im ersten Kapitel wird der Aufschlag beschrieben, genauer, die drei häufigsten Aufschlagsarten: gerader Aufschlag, Kick-Aufschlag und der Slice-Aufschlag werden analysiert. Diesen Erläuterungen folgen die spezifischen Anforderungen an den Return. An dieser Stelle sei erwähnt, dass der Return in der Trainingswissenschaft als eigenständiger Schlag betrachtet wird. Aus diesem Grund findet sich eine Tabelle (vgl. Tab. 3 im Anhang) mit den verschiedenen Schlagtechniken zur Einordnung im Anhang. Diese wird ergänzt durch eine Tabelle (vgl. Tab. 4 im Anhang) mit den entsprechenden englischen Begriffen, da diese in der Literatur häufig Verwendung finden.
Das nächste Kapitel widmet sich gezielt dem Zusammenspiel von Aufschlag und Return. Hierbei wird auch die taktische Komponente berücksichtigt. Dem folgt eine anschauliche Beispielrechnung zur Reaktionszeit beim Aufschlag. Daran lässt sich erkennen, in welch kurzer Zeit der Returnspieler reagieren muss. Die kurze Reaktionszeit lässt schon vermuten, dass das Thema Schnelligkeit eine enorm wichtige Rolle spielt. Um den komplexen Begriff der Schnelligkeitsfähigkeit verstehen und einordnen zu können, werden zunächst bewegungstheoretische Grundlagen geschaffen. Dem folgen Erläuterungen zum Oberbegriff Schnelligkeit. Besonders beleuchtet wird die Aktionsschnelligkeit. Weiterhin wird auch über die Notwendigkeit des Trainings der Schnelligkeit im Tennis gesprochen.
Eine hohe Aktionsschnelligkeit allein reicht jedoch nicht aus, denn schnell gespielte Bälle können ohne eine gute Antizipationsfähigkeit nicht mehr erreicht werden. Folgerichtig wird auch auf das Thema Antizipation im Tennis eingegangen.
Im Anschluss daran folgen Anregungen zum Training der Aktionsschnelligkeit des Returns beim Tennis. Den Abschluss dieser Arbeit bildet das Fazit.

Aufgrund der Verwendung vieler tennisspezifischer Fachbegriffe befindet sich im Anhang dieser Arbeit auch ein Glossar. Tennisfremden Lesern wird empfohlen dieses Glossar vorab zu lesen. Weiterhin befinden sich im Anhang eine Zusammenstellung ausgewählter Regeln aus dem Regelwerk der Internationalen Tennis Föderation (ITF). Zur Abrundung des Allgemeinwissens im Tennissport findet sich im Anhang eine kurze Zusammenfassung der Geschichte des Tennissports.

Bei den folgenden Erläuterungen und Beschreibungen wird grundsätzlich aus Sicht eines Rechtshänders ausgegangen!

2 Theoretische Grundlagen zum Aufschlag und zum Return

In diesem Kapitel werden die verschiedenen Varianten des Aufschlags erklärt und auf die spezifischen Anforderungen des Returns eingegangen.

2.1 Der Aufschlag

Der Aufschlag ist der Eröffnungsschlag eines jeden auszuspielenden Punktes. Dieser wird hinter der Grundlinie und je nach Spielstand von rechts oder links von der Mitte aus gesehen geschlagen. Dabei soll der Aufschlag in das schräg gegenüberliegende Aufschlagfeld geschlagen werden. Der Aufschlagende hat zwei Versuche dies zu schaffen. Es handelt sich um den einzigen Schlag im Spiel, den der Spieler unbeeinflusst von den gegnerischen Aktionen ausführen kann (vgl. DTB 2001, S. 103).

Der erste Aufschlag wird meist mit erhöhtem Risiko geschlagen, weil man versucht entweder einen direkten Punkt zu erzielen oder den Gegner durch Schnelligkeit und Platzierung des Balles so unter Druck zu setzen, dass er als Folge dessen nur einen schwachen oder gar keinen Return mehr hinbekommt. Der zweite Aufschlag kommt dann zum Tragen, wenn der erste Aufschlag als Fehler gewertet wurde. Ein Fehler ist, wenn der Ball ins Netz oder ins »Aus« geschlagen wurde. In der Regel wird beim zweiten Aufschlag das Risiko gemindert, indem die Geschwindigkeit deutlich reduziert wird. Häufig wird der zweite Aufschlag bewusst auf die schwächere Returnseite des Gegners gespielt (vgl. ebd. S. 103).

An dieser Stelle wird auf die sich im Anhang befindende Beschreibung der Aufschlagphasen hingewiesen.

Im modernen Tennis gibt es im Wesentlichen drei verschiedene Aufschlagsvarianten. Diese werden im Folgenden genau erklärt und analysiert.

■ Gerader Aufschlag

Dieser wird meistens als ersten Aufschlag gespielt und soll mit hoher Geschwindigkeit in einer flachen Kurve fliegen (siehe Abbildung 1 Flugkurve 1). Ein zweiter Aufschlag wird mit verminderter Geschwindigkeit gespielt, um Doppelfehler zu vermeiden und die Bälle fliegen in einer stärker gekrümmten Bahn über das Netz (siehe Abbildung 1 Flugkurve 2). Mit dem geraden Aufschlag wird die höchste Aufschlaggeschwindigkeit

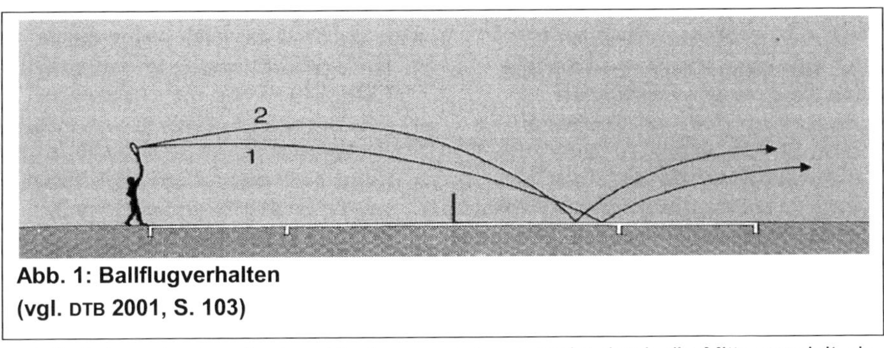

Abb. 1: Ballflugverhalten (vgl. DTB 2001, S. 103)

erzielt. Aufgrund seiner flachen Flugkurve, wird er zumeist durch die Mitte gespielt, da hier das Netz niedriger ist (vgl. ebd. S. 103).

■ Kick-Aufschlag

Der Kick-Aufschlag oder auch Twist-Aufschlag genannt, findet meistens als zweiten Aufschlag Anwendung und wird mit verminderter Geschwindigkeit in einer stärker gekrümmten Flugbahn über das Netz gespielt. Nicht selten wird diese Variante auch als sicherer erster Aufschlag gewählt. Diese Aufschlagvariante wird mit einem starken Vorwärtsdrall gespielt. Dies hat zur Folge, dass der Ball nach dem Aufprall sehr hoch und beschleunigt wegspringt (siehe Abbildung 2 Flugkurve K).

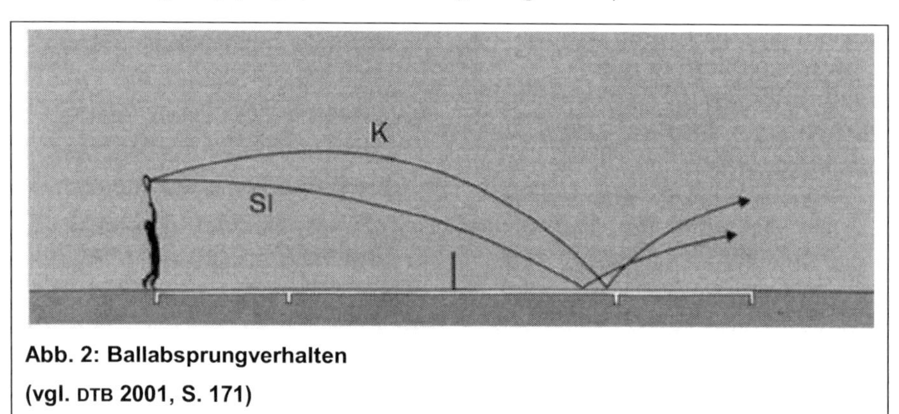

Abb. 2: Ballabsprungverhalten
(vgl. DTB 2001, S. 171)

Der Returnspieler steht hier vor dem Problem, die Flugkurve des Balles nach dem Aufprall richtig zu berechnen und wird in der Regel zu einem hohen Treffpunkt gezwungen. Zudem kann dieser Aufschlag ohne Probleme auf jede beliebige Stelle der T-Linie gespielt werden, was den Return zusätzlich erschwert. Auf der anderen Seite, ist der Kick-Aufschlag deutlich langsamer als der gerade Aufschlag, da die Bewegungsenergie des Tennisschlägers mehr in die Rotation und weniger in die Geschwindigkeit des Balles aufgeht (vgl. ebd. S. 171ff.).

■ Slice-Aufschlag

Der Slice-Aufschlag wird mit Seitwärtsdrall geschlagen. Er springt aus Sicht des Aufschlägers nach links weg (siehe Abbildung 2 Flugkurve Sl). Die Idee ist, den Returnspieler aus dem Feld zu treiben, um so beim nächsten Schlag, das ganze Feld offen zu haben. Auch dieser Aufschlag hat eine geringe Geschwindigkeit, die von der Stärke des Seitwärtsdrall abhängt. Der Returnspieler muss abhängig von seiner Ausgangsstellung einen weiten Weg gehen und hat daher Probleme den Körper hinter den Ball zu bekommen und fällt als Folge „nach hinten" womit der Return nur mit verminderter Geschwindigkeit gespielt werden kann. Als Variation wird der Slice-Aufschlag auch mittig platziert mit dem Effekt, dass sich der Ball mit seinem Seitwärtsdrall in den Gegner hinein dreht, was einen guten Return erheblich erschwert (vgl. ebd. S. 171ff.).

2.2 Der Return

Als Return wird der auf den Aufschlag folgende Rückschlag des Balles in Richtung des Aufschlägers bezeichnet. Er ist kein normaler Schlag und hat seine ganz eigenen Gesetzmäßigkeiten. Er muss unter hohem Zeitdruck gespielt werden und der Returnspieler steht möglicherweise, in Abhängigkeit vom Aufschlag, an einer sehr ungünstigen Stelle auf dem Platz. Außerdem wird der Ball beim Aufschlag oft mit viel Vorwärts- oder Seitwärtsdrall gespielt, so dass der Returnspieler einen hohen Grad an Ungewissheit über die Flugbahn hat, wie im vorigen Abschnitt erläutert (vgl. ebd. S. 63).

Es werden drei Arten von Return unterschieden: der defensive Return, der gewöhnliche Return und der offensive Return.

■ Defensiver Return

Dieser Return kommt in der Regel zum Einsatz, wenn der Aufschlag mit hoher Geschwindigkeit geschlagen wird (siehe gerader Aufschlag). Aufgrund der geringen Vorbereitungszeit empfiehlt es sich, eine kurze Ausholbewegung vorzunehmen. „Je härter der gegnerische Aufschlag ist und je weniger deshalb Zeit zum Ausholen beim

Return gegeben ist, desto eher empfiehlt es sich, nur ganz kurz auszuholen und den Ball »abzublocken« " (DTB 2001, S. 64).

■ Gewöhnlicher Return

Hier wird der Ball kontrolliert und möglichst platziert gespielt. Dieser Return wird in der Regel beim Kick- oder Slice-Aufschlag gespielt. Hier ist die Beinarbeit sehr wichtig und der Ball muss insbesondere beim Kickaufschlag frühzeitig getroffen werden. Die gewählte Platzierung hängt vom Aufschlagenden ab. Verharrt dieser an der Grundlinie, so ist ein lang gespielter Return an die Grundlinie sehr wirkungsvoll. Geht der Aufschlagende zu einem Netzangriff über, ist der Longline-Passierball oder ein direkt vor die Füße gespielter Return das Mittel der Wahl. Alternativ kann bei einem Netzangriff auch ein Lob gespielt.

■ Offensiver Return

Hier wird der Ball offensiv gespielt, um direkt zu attackieren, einen Punkt gut vorzubereiten oder gar um direkt einen Punkt zu erzielen. Er setzt entweder einen schwachen zweiten Aufschlag des Gegners voraus oder der Returnspieler steht sehr günstig zum Ball, wenn zum Beispiel der Slice-Aufschlag nur wenig Außendrall hat.

Wie auch immer der Aufschlag gespielt wird, der erfolgreiche Return bedingt die folgenden prinzipiellen Anforderungen:

- frühe Wahrnehmung und Antizipation des Aufschlages
- schnelle Reaktion
- präzises Treffen des Balles, gute Auge-Hand-Koordination
- schnelle Bewegungen
- spezifische Schlagtechnik und optimale Ausgangsstellung
- gute Beinarbeit.

Die einzelnen Punkte sind natürlich nicht unabhängig voneinander. Im Folgenden werden diese Punkte genauer aufgearbeitet. Die Antizipation des Aufschlages bedingt das sorgfältige Beobachten der Aufschlagvorbereitung des Gegners. Das bezieht sich sowohl auf das Hochwerfen des Balles als auch auf die Position des Gegners. Schlägt dieser von rechts auf und versucht durch die Mitte aufzuschlagen, sodass der Returnspieler mit der Rückhand (weil Rechtshänder) antworten muss, kann dieser sich von vornherein etwas weiter in die Mitte orientieren, um diese besser abzudecken. Dadurch wird dem Aufschläger die Vorhandseite des Gegners angeboten. Gerade beim zweiten Aufschlag hat man durch diese taktische Maßnahme mehr Erfolg. Allerdings muss man bei diesem Manöver ganz bewusst auf die äußere Vorhandseite achten, denn dahin schlagen erfahrene Spieler dann gerne auch auf.
Schnelle Reaktionen und Bewegungen setzen zudem eine kurze Ausholbewegung voraus (vgl. DTB 2001, S. 63f.). Die kurze Ausholbewegung ist ein spezifisches technisches Element des Returns, das aber auch gute Beinarbeit für eine optimale Ausgangsstellung voraussetzt.

3 Schnelligkeitsanforderungen beim Return

Im Tennis und speziell auch beim Return spielen, wie eben schon erwähnt, Antizipation, Reaktion, kurze Sprints und rasche Richtungswechsel eine große Rolle. Die Fähigkeit zum schnellen Erkennen von Situationen, zur richtigen Entscheidung und zur flüssigen, präzisen Ausführung der entsprechenden motorischen Antwort mit hoher Bewegungsgeschwindigkeit lässt sich gezielt trainieren (vgl. BANZER, THIEL 2009, S. 6). Grundsätzlich gilt, dass man sich an den raum-zeitlichen Anforderungen im Tennis orientieren sollte. „Tennis fordert Laufwege von weniger als 2,5 Metern bei 80% der Schläge bei einer Belastungsdauer zwischen 3 Sekunden auf schnellen und maximal 15 Sekunden auf langsamen Belägen und einem Belastungs-Pausen-Verhältnis von 1:2 bis 1:5“ (BANZER, THIEL 2009, S. 6).

Auf Basis visueller Informationen dominiert vorwiegend reaktives und antizipatives Handeln. Das komplexe Spielgeschehen beim Return, die hohen Ball- und Aktionsgeschwindigkeiten und die Notwendigkeit, die Ballflugwege und das Gegnerverhalten während der Eigenbewegungen unter Zeitdruck visuell erfassen und zu analysieren, veranschaulicht die Bedeutung eines guten und präzisen Sehens sowohl im Leistungssport- als auch im Breitensportbereich (vgl. JENDRUSCH 1995, S. 1).

Für eine günstige Bewegungsausführung sind folgende Merkmale wichtig (vgl. ebd. S. 6):

- kleine und flache, aber aktiv gesetzte Schritte zum Abbremsen vor einer Richtungsänderung
- ein permanent tiefer Körperschwerpunkt
- eine gute Rumpf- und Oberkörperstabilität beim Richtungswechsel.

3.1 Die besonderen Gegebenheiten beim Aufschlag-Return

Die »Aufschlag-Return« Situation weist besondere Merkmale auf, die sich direkt und indirekt auf das Spiel auswirken. So sind die Vorteile des Rückschlägers zum einen die, dass er nur die Hälfte der Grundlinie abzudecken hat. Des Weiteren geben die Regeln vor, dass der Aufschlag vor der Aufschlaglinie des Rückspielers aufkommen muss. Dieser kann sich also auf die ungefähre Länge des Balles einstellen bzw. kann diese zumindest besser einschätzen als im „freien“ Spiel. Darüber hinaus darf der Rückspieler jede beliebige Position im Feld einnehmen, während der Aufschläger sich jeweils nur rechts bzw. links hinter der Grundlinie aufhalten darf. Die Nachteile sind jedoch ebenfalls ersichtlich. So hat der Aufschläger erstens zwei Versuche für seinen Aufschlag, kann somit seinen ersten Aufschlag mit mehr Risiko versuchen zu schlagen und zweitens kann der Aufschlag aus technischen Gründen von einem sehr guten

Spieler härter und platzierter geschlagen werden als jeder andere Ball im Tennis (vgl. HEß 1992, S. 87).

Nun könnte man meinen, dass die Vor- und Nachteile sich die Waage halten. Der Schein trügt, denn der gute Aufschläger behält einen leichten Vorteil gegenüber dem Rückschläger. Das wird in der Statistik der guten Spieler eindeutig belegt. Im Durchschnitt gibt es zwischen guten Spielern mehr gewonnene Aufschlagspiele als gewonnene Rückschlagspiele. Als Konsequenz daraus lässt sich ableiten, dass ein vermehrtes Returntraining im Tennistraining stattfinden muss. Dies geschieht schon durch einfaches sich bewusst machen über die verschiedenen Taktiken beim Return (vgl. ebd. S. 88).

Im Folgenden wird speziell auf die Verteidigungs- und Angriffsbeinarbeit beim Return eingegangen. Man könnte noch viele weitere Überlegungen anstellen, wie zum Beispiel über die Taktik der Beinarbeit bei Wind oder im Doppel, sprengt aber an dieser Stelle den Rahmen.

3.1.1 Zur Taktik der Verteidigungs-Beinarbeit beim Aufschlag-Return

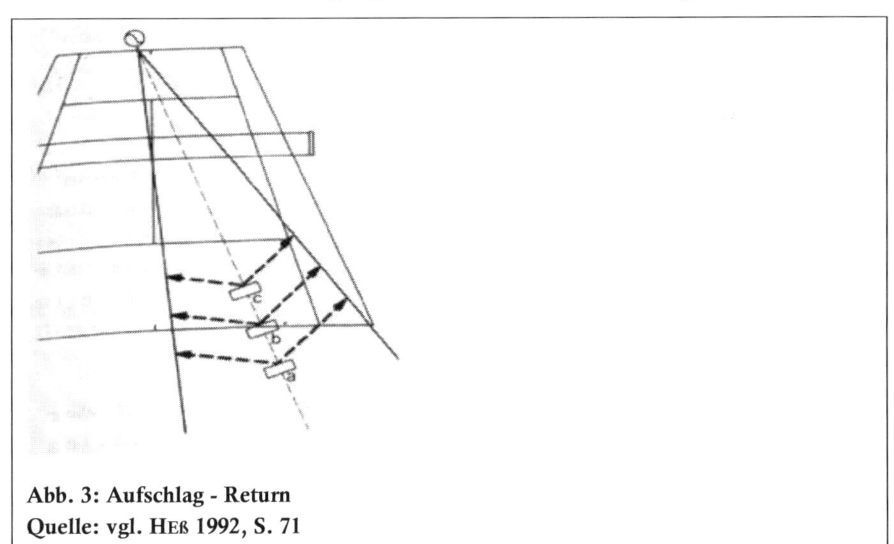

Abb. 3: Aufschlag - Return
Quelle: vgl. HEß 1992, S. 71

Die Verteidigungs-Beinarbeit ist ein elementarer Baustein im Tennis. Sie beginnt innerhalb eines Ballwechsels nach dem Treffen des Balles und endet mit der Einnahme der Verteidigungshaltung[3] in der Verteidigungsposition. Beim Aufschlag-Return jedoch kann der Rückschläger in aller Ruhe seine Verteidigungsposition einnehmen, während der Aufschläger seine Aufschlag-Position einnimmt. Die beste Verteidigungsbeinarbeit bringt jedoch dem Rückschläger nichts, wenn er nicht die richtige Position eingenommen hat. Die Verteidigungsposition liegt beim Aufschlag-Return auf der Winkelhalbierenden des Streuungsfeldes aller möglichen gegnerischen Aufschläge und verändert sich mit der Position des Aufschlägers. Obwohl das Streuungsfeld um die Hälfte kleiner ist als im normalen Ballwechsel, muss der Rückschläger auf die genaue Einnahmes einer seitlichen Positionen achten wegen der Schnelligkeit und Platzierung der Aufschläge. Vergleiche dazu auch untenstehende Abbildung 3 (vgl. ebd. S. 88). In dieser Abbildung ist auch gut die Lage der Verteidigungs-Position in der Tiefe des Feldes zu sehen. So stellt a) die Grundlinien-Region, b) die Mittelfeld-Region und c) die Netz-Region dar (vgl. ebd. S. 71).

[3] damit ist keinesfalls eine starre, „eingefrorene" Haltung gemeint, wie es vielfach in Lehrbüchern steht, sondern es meint, dass alles in Bewegung ist. Der Begriff „Haltung" kann falsche Assoziationen wecken (vgl. ebd. S. 88f.).

Gerade wenn ein Linkshänder von links mit viel Seitenschnitt aufschlägt, weicht die Verteidigungsposition bei einem guten Taktiker mehr oder weniger viel von der Mittelsenkrechten des Streuungsfeldes nach links ab. Vergleiche dazu untenstehende Abbildung 4. Andersherum wäre es der Fall bei einem Rechtshänder (vgl. ebd. S. 89). In dieser Abbildung wird sowohl bei a) als auch bei b) von der linken Seite der Mitte aus aufgeschlagen. Wenn wie eben erwähnt, ein Linkshänder von links mit einem Seitwärtsdrall aufschlägt, so geht der Ball nach außen weg (siehe b). Bei (a) schlägt ein Rechtshänder mit Seitswärtsdrall auf und der Ball dreht sich zur Mitte bzw. er dreht auch „auf den Körper" des Rückschlägers.

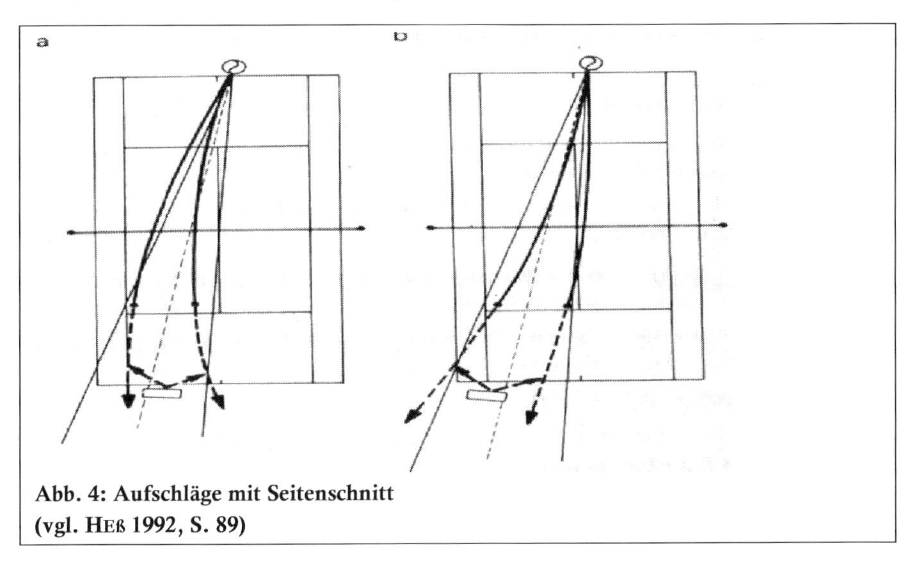

Abb. 4: Aufschläge mit Seitenschnitt (vgl. HEß 1992, S. 89)

Im Durchschnitt liegt die Verteidigungsposition etwas hinter der Grundlinie, aufgrund der besonderen Gegebenheiten, dass beim Aufschlag-Return die meisten Treffpunkte etwa auf Höhe der Grundlinie getroffen werden. Dies sollte man aber nicht Verallgemeinern, denn es gibt ebenfalls viele technische taktische Gründe für zum Teil bedeutende Abweichungen. So steht der Rückschläger weiter vorn und weiter hinten, je nachdem (vgl. ebd. S. 90):

- ob der gegnerische Aufschlag eher länger oder kürzer ist, hoch oder flach abspringt
- ob der erste Aufschlag oder der zweite Aufschlag ausgeführt wird
- ob man Gegenwind oder Mitwind hat und wie stark dieser Wind dementsprechend ist
- wie die Returntechniken des Rückschlägers sind, also ob er z.B. den zweiten Aufschlag grundsätzlich als Netzangriffsball spielt oder einen Stopball vorzieht.

3.1.2 Zur Taktik der Angriffs-Beinarbeit beim Aufschlag-Return

Zur Taktik der Angriffs-Beinarbeit beim Aufschlag-Return kann man sich kurz fassen. Vor allem bei langen und schnellen Aufschlägen ist eine spezifische Angriffs-Beinarbeit festzustellen. Bei weniger hart und lang gespielten Aufschlägen geht die Angriffs-Beinarbeit beim Aufschlag-Return in die normale Angriffs-Beinarbeit im Grundlinienspiel über. Dabei kommen immer häufiger offene Schlagstellungen vor. Diese finden vermehrt Anwendung auf der Vorhand als auf der Rückhand, kommen aber sowohl bei der Vorhand als auch bei der Rückhand vor. Dabei genügt es meistens schon einen Schritt des dem Treffpunkt näher stehenden Beines zu machen, um in die offene Schlagstellung zu gelangen. Reicht dieser Schritt nicht aus, so benötigt man nur einen Nachstellschritt mit dem anderen Bein. Auf diese Weise gewinnt der Rückschläger mehr Zeit als wenn er in der seitlichen Position steht und kann somit auf sehr schnelle Aufschläge gute Returns spielen. Diese Technik ist zeitsparend und effektiv (vgl. ebd. S. 93).

3.2 Reaktionszeit beim Aufschlag - ein „worst case“ Szenario

Um einen Eindruck darüber zu gewinnen, dass bei einem schnellen Aufschlag, die Reaktion alleine nicht ausreicht um ihn auch gut zu retournieren, wird in diesem Abschnitt eine Modellrechnung zur Flugdauer des Balles nach dem Aufschlag vorgenommen.

Die Rechnung geschieht unter vereinfachten Modellannahmen. So wird angenommen, dass der Ball geradlinig unter Vernachlässigung von etwaigem Spin und physikalischen Effekten wie Luftreibung und Erdanziehung fliegt. Ferner wird der Ball als Punkt aufgefasst. Diese Annahmen treffen natürlich am ehesten auf den geraden Aufschlag zu. Folgerichtig wird angenommen, dass der Aufschläger an der Mittellinie steht und der Aufschlag in der mittleren Ecke des T-Feldes aufkommt. Der Returnspieler erwartet den Ball an der Grundlinie.

Es wird angenommen, dass der Ball beim Aufschlag in der Höhe von 2.90 m getroffen wird. Dies sind in etwa die Maße eines 1,85 großen Spielers mit normaler Armlänge und einem normalen Schläger, unter der Annahme, dass der Spieler beim Aufschlag nicht hochspringt.

Die Entfernung L1 vom Schläger zur beschriebenen Ecke des T-Feldes ergibt sich dann aus dem Satz von Phytagoras zu:

$L1 = \sqrt{(2.90^2 + (11.89 + 6.40))} = 18.5185 \text{ m} \approx 18.519 \text{ m}.$

Unter der Annahme, dass Einfallswinkel gleich dem Ausfallswinkel ist, folgt aus dem Kosinussatz für die Entfernung L2 des Balles nach dem Aufprall bis zur Grundlinie

$L2 = 5.49 * L1/18.29 = 5.5586 \text{ m} \approx 5.559 \text{ m}$

mit einer Höhe H von

$H = \sqrt{(L2^2 - 5.49^2)}$ = 0.8705 m ≈ 0.871 m

über der Grundlinie. Insgesamt legt der Ball also

L1 + L2 = 24.0771 m ≈ 24.077 m

zurück.

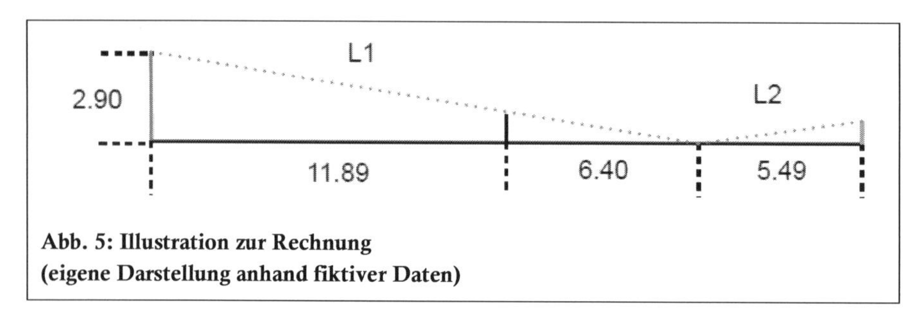

Abb. 5: Illustration zur Rechnung (eigene Darstellung anhand fiktiver Daten)

Wird jetzt angenommen, dass der Ball mit einer Geschwindigkeit von 175 km/h den Schläger verlässt und diese Geschwindigkeit bis zur gegnerischen Grundlinie beibehält, so benötigt der Ball für die oben berechnete Strecke

Flugdauer = (L1 + L2) 3600 / 175000 = 0.4953 sec ≈ 0.495 sec,

also etwa eine halbe Sekunde. Diese Flugdauer hängt natürlich von der Aufschlaggeschwindigkeit ab. In der folgenden Abbildung 6 ist in einer Grafik hierzu die Flugdauer des Balles über der Geschwindigkeit von 100 - 250 km/h aufgetragen. Zur Illustration ist das obige Beispiel besonders hervorgehoben. Es ist zu erkennen, dass die Reaktionszeit zwischen 0.3 sec und 0.9 sec variiert.

Der schnellste gemessene Aufschlag datiert übrigens ins Jahr 2011. Hier hat Ivo Karlovic (Kroatien) im Daviscup gegen Deutschland mit 251 km/h (!) aufgeschlagen (vgl. Kicker online, http://www.kicker.de/news/tennis/startseite/549466/artikel_251-km2fh-karlovic-bricht-aufschlag-weltrekord.html, 11.08.2011).

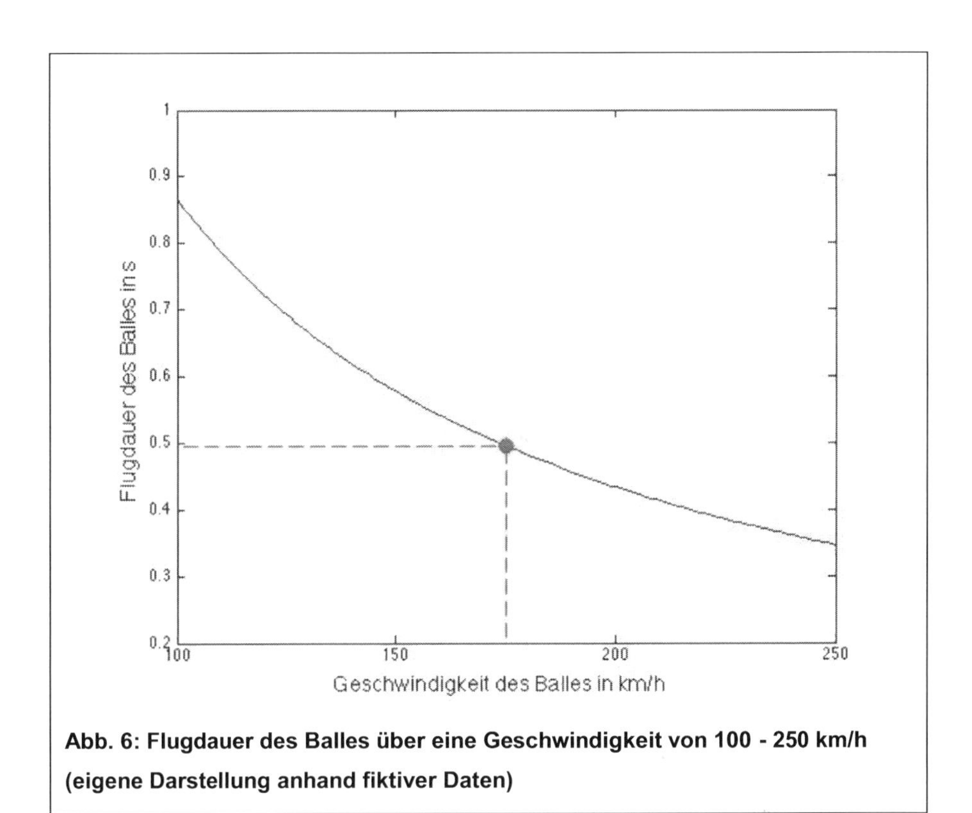

Abb. 6: Flugdauer des Balles über eine Geschwindigkeit von 100 - 250 km/h (eigene Darstellung anhand fiktiver Daten)

Schaut man sich nochmal die errechnete Reaktionszeit von 0.3 sec bis 0.9 sec an, so wird deutlich, dass man sehr schnell reagieren muss. Dafür benötigt man eine hohe Schnelligkeitsfähigkeit bzw. um den Ball schnellstmöglich präzise vor dem Körper zu treffen, eine hohe Aktionsschnelligkeit. Um diese äußerst komplexe Fähigkeit näher zu erläutern wird im Folgenden zunächst eine bewegungstheoretische Grundlage geschaffen.

3.3 Bewegungstheoretische Grundlagen

Im Tennis treten unterschiedliche Situation auf, die auf vielfältige Art und Weise gelöst werden können. Der Spieler muss dabei das Verhalten des fliegenden Balles beim Auf- und Abspringen vom Boden immer mit berücksichtigen. Dabei wird die Flugbahn bestimmt durch (vgl. DTB 2001, S. 11):

- Richtung des Ballfluges von longline bis cross
- Höhe des Ballfluges von flach bis hoch
- Geschwindigkeit des Balles von langsam bis schnell
- Rotation des Balles von Vorwärts-, über Rückwärts-, bis Seitwärtsdrall.

Der Schläger muss zur Lösung der taktischen Aufgabe zum Treffen des Balles geschwungen werden. Dabei kommt es im Einzelnen auf (vgl. ebd. S. 12):

- die Geschwindigkeit des Schlägerkopfes beim Treffen,
- die Richtung der Schlagbewegung im Hinblick auf die räumlichen Ziele und
- die Stellung der Schlägerfläche beim Treffen an.

Nachdem der Spieler rechtzeitig die optimale Schlagstellung erreicht hat, hängt es nun von der Realisierung einer optimalen Geschwindigkeit und Schwungrichtung seines Schlägerkopfes ab. Dafür wendet er bestimmte Techniken an. „Technik ist also nicht Selbstzweck, sondern stellt – wenn sie zweckmäßig sein soll – die beste unter den möglichen Bewegungsleistungen für die optimale taktische Lösung der jeweiligen Aufgabe in der jeweiligen Spielsituation dar“ (DTB 2001, S. 12). Damit ist sie auch keine feststehende Größe und verlangt vom Spieler gute Beinarbeit mit einer guten Hand-Auge-Koordination und ausgeprägter Kraftschnelligkeit. Darüber hinaus hängt die Struktur der Technik von den individuellen Voraussetzungen des Tennisspielers einerseits und von externen Bedingungen andererseits ab. Zu den individuellen Voraussetzungen gehört der Bau seines Körpers, d.h. insbesondere dessen Größe, Reichweite und Beweglichkeit. Weiterhin seine Fähigkeiten wie Koordination, Kraft, Ausdauer, Schnelligkeit und psychische Faktoren wie Motivation und Intelligenz. Dazu kommen noch die angesprochenen externen Bedingungen wie das Verhalten des ankommenden Balles, das Material und die Beschaffenheit des Platzes, die Eigenschaften des Schlägers und seiner Besaitung, das Wetter und die Aktionen des Gegenspielers bzw. der Gegenspieler sowie gegebenenfalls auch des Mitspielers (vgl. ebd. S. 12).

3.4 Was ist Schnelligkeit?

Vor allem im Bereich des Sports ist Schnelligkeit ein Oberbegriff für viele Erscheinungsformen. Doch als solcher ist er kaum erfassbar, da es mehrere Erscheinungsweisen der Schnelligkeit gibt, die eigenständig und nicht mit anderen verwandt sind. Häufig wird Schnelligkeit mit der Sprintqualifikation gleichgesetzt. Somit gilt der Sprinter als Prototyp der Schnelligkeitssportler und entsprechend wird Schnelligkeit oft nur als Fortbewegungsschnelligkeit gesehen. Diese Sichtweise reicht aber nicht aus, um die Grundeigenschaften der Schnelligkeit zu erfassen (vgl. LETZELTER 1984, S. 187f.).

Für fast alle sportlichen Bewegungen ist die Beschleunigung eines Sportgeräts oder Gegners, des eigenen Körpers oder eines Körperteils der Hauptfaktor für die sportliche Leistung. Diese Beschleunigungsleistung erfolgt durch hohe Muskelanspannungen. Zur Bereitstellung der willkürlich maximal realisierbaren Muskelspannung unter isometrischen Bedingungen benötigt der menschliche Organismus ca. 500 ms (0,5 s). Im Handlungsvollzug hat man in der Regel noch weniger Zeit. Allerdings muss auch noch der Körperbau des Menschen berücksichtigt werden, insbesondere die begrenzte Länge der Gliedmaßen (vgl. VOSS, WITT, WERTHNER 2007, S. 11). Damit kann die Schnelligkeitsleistung des Menschen als Resultat der aktualisierten habituellen

Leistungsvoraussetzungen unter Ausnutzung der Gesetzmäßigkeiten der Natur in Übereinstimmung mit Verhaltensvorschriften bestimmt werden. Dabei strebt der Sportler nach Effektivität und Ökonomisierung in der Ausführung schneller sportlicher Bewegungen (vgl. DIERKS, LÜHNENSCHLOß 2005, S. 6f.).

Definition:

„Mit Schnelligkeit bezeichnet man die Fähigkeit, unter ermüdungsfreien Bedingungen in maximal kurzer Zeit motorisch zu reagieren und/ oder zu agieren" (HOHMANN, LAMES, LETZELTER 2007, S. 86).

Die Schnelligkeit wird je nach Vielfalt und Komplexität der für die schnellstmögliche Ausführung der Zielbewegung benötigten Leistungsvoraussetzungen wie folgt unterteilt (vgl. HOHMANN, LAMES, LETZELTER 2007, S. 86):

- elementare Schnelligkeit
- komplexe Schnelligkeit
- Handlungsschnelligkeit.

Die *elementaren Schnelligkeitsfähigkeiten* werden im Allgemeinen Anhang folgender Kriterien ausgemacht: (a) basale Bewegungsform und kleinräumige Bewegungsamplitude; (b) Bewegungszeit unter 200 ms; (c) Stabilität gegenüber (d) Entwicklungs- und Trainingseinflüssen; Unabhängig von (e) Maximalkraft, (f) Geschlecht und (g) Ermüdung; (h) Sportartspezifischer Leistungsbezug und kritischer Schwellenwert (vgl. ebd. S. 87).

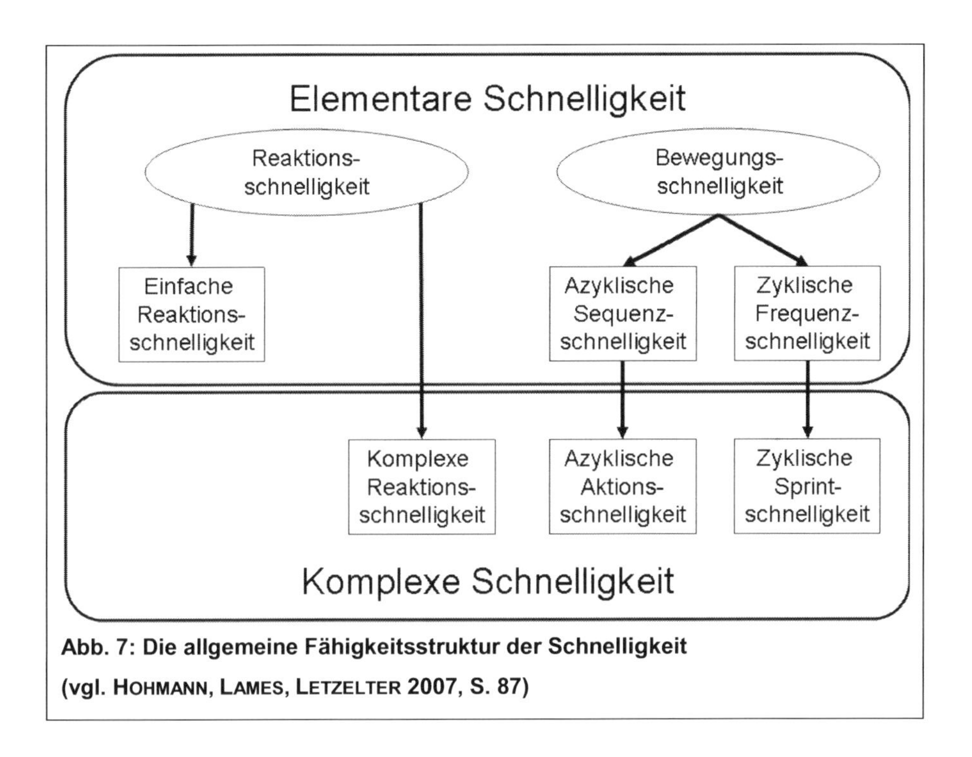

Abb. 7: Die allgemeine Fähigkeitsstruktur der Schnelligkeit (vgl. HOHMANN, LAMES, LETZELTER 2007, S. 87)

Die *komplexen Schnelligkeitsfähigkeiten* stehen sowohl im Mittelpunkt der theoretischen Strukturierungsansätze zur Schnelligkeit (vgl. Abb.4) als auch der Trainingsmethodik im Schnelligkeitstraining. Reaktions-, Aktions- und Sprintschnelligkeit stellen im Allgemeinen komplexe und sportartspezifisch geprägte Fähigkeiten dar, die meist in Kombination mit anderen Fähigkeiten auftreten. So hängen die Aktions- und die Sprintschnelligkeit nicht nur von der elementaren Schnelligkeit ab, sondern bei geringen bis mittleren Widerständen auch von der Schnell- und Reaktivkraft. Aus vermischten Trainings- und Wettkampfanforderungen an die Kraft, Koordination, Ausdauer und (elementare) Schnelligkeit ergeben sich die komplexen Schnelligkeitsfähigkeiten (vgl. ebd. S. 87).

Die *Handlungsschnelligkeit* bildet die komplexeste Form der Schnelligkeit und geht dabei über die Bewegungsschnelligkeit hinaus. Sie ist nicht nur konditionell und koordinativ geprägt, sondern vor allem auch kognitiv- und perzeptiv- taktisch. In Sportarten wie z.B. Tennis, wo hohe Anforderungen an die situative Entscheidungsschnelligkeit gestellt werden, ist die Handlungsschnelligkeit maßgebend für den Erfolg (vgl. ebd. S. 88). „In den „situativen" Sportarten werden Sieg oder Niederlage aufgrund des Entscheidungsdrucks von einer zieladäquat ausgewählten, aufgrund des Zeitdrucks von einer frühzeitigen und geschwindigkeitsbetonten sowie aufgrund des Präzisionsdrucks von einer exakten Bewegungsausführung bestimmt" (HOHMANN, LAMES, LETZELTER 2007, S. 88).

3.5 Was ist Aktionsschnelligkeit?

Die Aktionsschnelligkeit ist eine Unterteilung der motorischen Schnelligkeit. Sie wird als *reine* Schnelligkeitsform identifiziert. Die reinen Schnelligkeitsformen wie Reaktions-, Aktions- und Frequenzschnelligkeit sind ausschließlich abhängig vom zentralen Nervensystem und von genetischen Faktoren (vgl. WEINECK 2010, S. 392).

- Die Reaktionsfähigkeit ist die Fähigkeit in kürzester Zeit auf einen Reiz zu reagieren.
- Die Aktionsschnelligkeit ist die Fähigkeit, azyklische, d.h. einmalige Bewegungen mit höchster Geschwindigkeit gegen geringere Widerstände auszuführen.
- Die Frequenzschnelligkeit ist die Fähigkeit zyklische, d.h. sich wiederholende gleiche Bewegungen mit höchster Geschwindigkeit gegen geringe Widerstände auszuführen (vgl. ebd. S. 392).

Vergleiche dazu nebenstehende Abbildung 8.

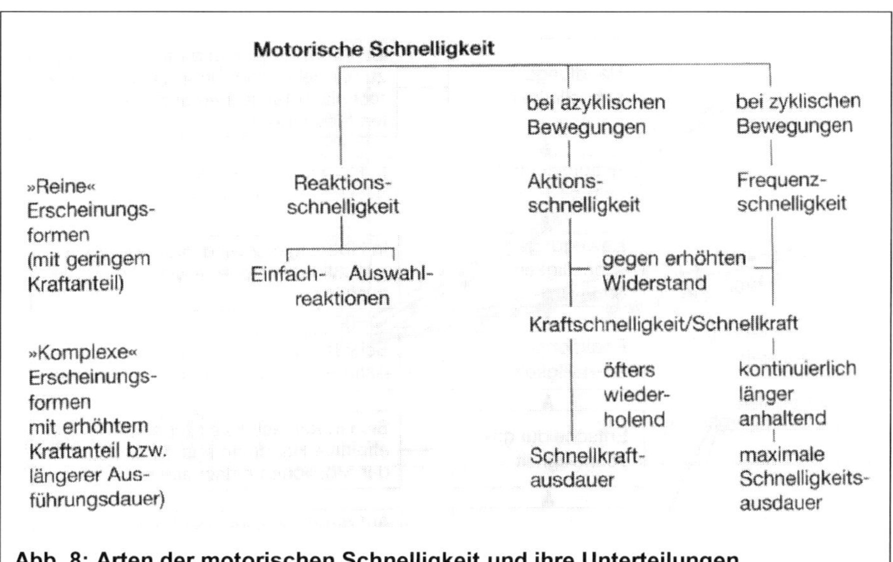

Abb. 8: Arten der motorischen Schnelligkeit und ihre Unterteilungen (vgl. Weineck 2010, S. 393)

Somit stellt sich die motorische Schnelligkeit als eine psychisch-kognitiv-koordinativ-konditionelle Fähigkeit dar, die genetischen, lern- und entwicklungsbedingten, sensorisch-kognitiv-psychischen, neuronalen sowie tendo-muskulären und energetischen Einflussgrößen ausgesetzt ist. In den Sportspielarten stellt sie sich wie folgt dar (vgl. ebd. S. 393):

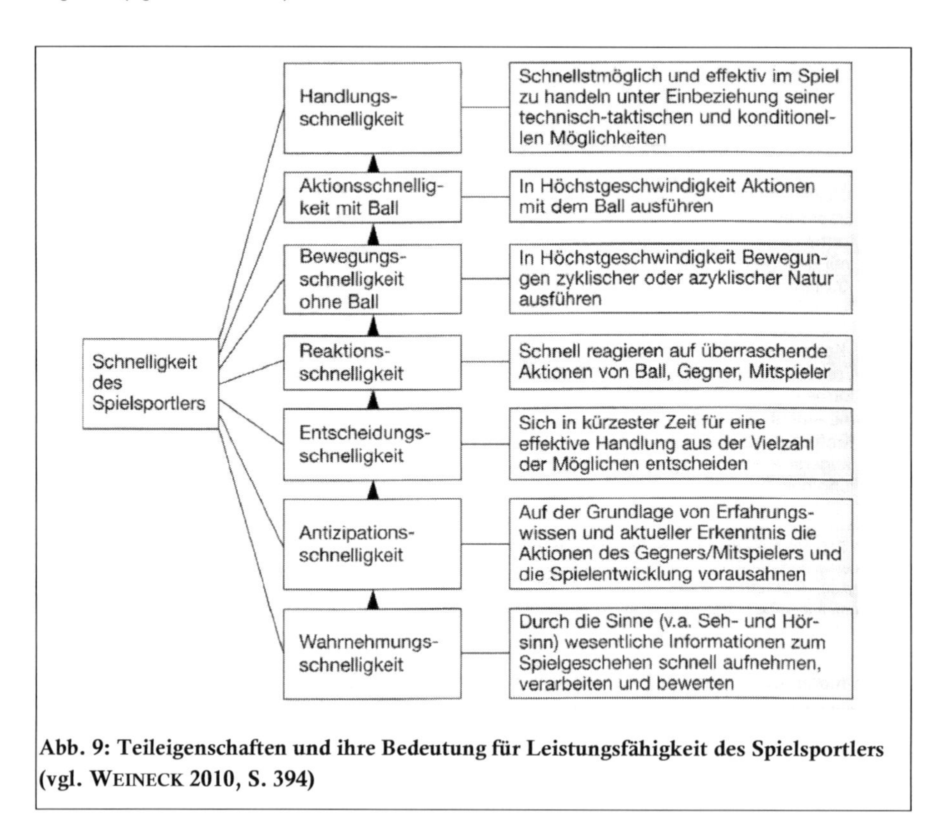

Abb. 9: Teileigenschaften und ihre Bedeutung für Leistungsfähigkeit des Spielsportlers (vgl. WEINECK 2010, S. 394)

Ein Tennisspieler braucht also Handlungsschnelligkeit, um schnellstmöglich und effektiv im Spiel zu handeln gemäß seinen technischen, taktischen und konditionellen Fähigkeiten. Aktionsschnelligkeit braucht er, um Aktionen mit dem Ball in Höchstgeschwindigkeit ausführen zu können. So zum Beispiel bei einem sehr schnellen Aufschlag beim Return. Gerade im Tennis spielt die azyklische Bewegungsschnelligkeit eine entscheidende Rolle. Diese wird durch Antizipationsschnelligkeit ergänzt, denn in manchen Spielsituationen kann man nicht mehr reaktionsschnell handeln, sondern muss die Bewegung vorher antizipiert haben. Dafür ist auch eine hohe Wahrnehmungs- und Entscheidungsschnelligkeit unerlässlich.

3.6 Antizipation

Wie oben schon erwähnt, reicht es nicht aus, nur schnell zu sein. Es bedarf einer gewissen Antizipationsfähigkeit, auf die im Folgenden in aller Kürze eingegangen wird. Antizipationsfähigkeit ist ein bedeutendes Element vieler Sportarten, aber gerade im Tennis ein unverzichtbarer Bestandteil, denn „kein Tennisspieler kann ohne die Antizipation auskommen" (HEß 1992, S. 102). Antizipation ist die gedankliche Vorwegnahme einer Bewegung bzw. einer Bewegungshandlung und beruht auf der natürlichen Veranlagung. Diese wird durch Erfahrung und Gewohnheit entwickelt und trainiert auf der Tatsache, dass allen zielgerichteten Bewegungshandlungen Bewegungsentwürfe zu Grunde liegen und dass die Bewegungen nach verlässlichen physikalischen Gesetzmäßigkeiten ablaufen (vgl. HEß 1992, S. 102). Allerdings wird einem beim Nachdenken über die Möglichkeiten respektive der Grenzen der Antizipation im Tennis deutlich, dass es im Grunde nicht die eine Antizipationsmöglichkeit gibt, sondern nach HEß gibt es vier verschiedene Arten (vgl. ebd. S. 103):

- die Antizipation der weiteren Bewegung des Tennisballs im Flug und Sprung aufgrund der anfänglichen Bewegung desselben;

- die Antizipation der Bewegung des gegnerischen Balles schon vor dem Treffen aufgrund der Schlagstellung und Schlagbewegung des Gegners;
- die Antizipation der Angriffsbeinarbeit in Abstimmung auf das Timing, der Richtung und Technik mit dem gegnerischen Ball;
- die Antizipation der Verteidigungsbeinarbeit.

Es werden im Folgenden zu jeder Art in stark gekürzter Fassung einige Erläuterungen hinzugefügt. Zur ersten Art ist zu sagen, dass Tennisbälle grundsätzlich „berechenbar" sind, weil sie sich stets nach ihren Flug bestimmenden Naturgesetzen verhalten müssen. Somit kann der geübte Spieler sich bereits zu einem Zeitpunkt zu dem vorgeahnten Treffpunkt in Bewegung setzen, bevor der Ball das Netz berührt hat. Man spricht hier von einem ausgeprägten Ballgefühl, das aber auch das Zusammenspiel mit Schläger und Ball meint, um einen Ball die gewünschte Schnelligkeit, Richtung, Länge, Höhe und den beabsichtigten Drall mitzugeben (vgl. ebd. S. 104f.).
Zur zweiten Art der Antizipation der Flugbahn des Balles aufgrund der Schlagstellung und Schlagbewegung des Gegners ist zu sagen, dass es einem Tennisspieler leichter fällt je mehr er selbst ein Techniker ist und dadurch den Gegner „lesen" kann. Dadurch kann er bestimmte Körperbewegungs- und Schlagstrukturen bis hin zu unterschiedlichen Griffarten des Gegners analysieren (vgl. ebd. S. 106).
Zur dritten Art der Antizipation der Angriffs-Beinarbeit in Abstimmung mit dem gegnerischen Ball ist zu sagen, dass das rechtzeitige Ankommen am Treffpunkt und das Einnehmen der situativ zweckmäßigen Schlagstellung nur möglich ist, wenn frühe Antizipation der weiteren Bewegung des Balles und damit des Treffpunktes, die unmittelbar darauf erfolgende Antizipation der eigenen Bewegung zum Treffpunkt sowie auch die genaue Beobachtung des Balles bis zum eigentlichen Treffen erfolgt sind (vgl. ebd. S. 108ff.)
Zur vierten Art der Antizipation der Verteidigungsposition lässt sich hinzufügen, dass diese auf zwei funktional miteinander verbundenen Faktoren beruhen, die zum einen

die Antizipation der Bewegung des eigenen Balles und zum anderen das taktische Gefühl von der grundsätzlichen Verteidigungsposition im Tennis beinhalten. Es ist ein früher Beginn der Verteidigungs-Beinarbeit nötig, denn bis der Gegner seinen Treffpunkt erreicht hat und mit der Ausholbewegung beginnt, sollte bereits die Verteidigungsposition eingenommen worden sein (vgl. ebd. S. 113f.).

3.7 Notwendigkeit des Trainings der Schnelligkeit im Tennis

Schnelligkeit muss im Tennis komplex betrachtet werden. Die verschiedenen Schnelligkeitsarten wie Aktionsschnelligkeit, Reaktionsschnelligkeit, Frequenzschnelligkeit und Schnellkraft treten im Tennis je nach Spielsituation in verschiedenen Kombinationen auf. Natürlich treten diese Schnelligkeitsformen auch separat auf und deshalb muss beim Training eine gezielte Ausbildung in all diesen einzelnen Bereichen stattfinden. Sehr gut lässt sich z.B. die Reaktions- und Aktionsschnelligkeit zusammen trainieren (vgl. SCHÖNBORN 1997, S. 136).

Das Schnelligkeitstraining ist für Tennisspieler extrem wichtig, um schnelles Tennis zu spielen in Bezug auf Reaktions- und Schlagschnelligkeit und um sich möglichst laufschnell auf dem Platz zu bewegen. Daneben hat das Schnelligkeitstraining auch einige psychologische Aspekte (vgl. DRAKSAL, NITTINGER 2002, S. 26):

- Je schneller eine Bewegung ausgeführt wird, desto besser muss die Technik beherrscht werden, denn nur wer die Technik wirklich beherrscht, ist in der Lage sie auch schnell auszuführen.
- Nervosität im Match steigert den Adrenalin spiegel und bewirkt Reaktionsschnelligkeit. Es kommt im Tennis sicherlich nicht nur darauf an, möglichst schnell zu reagieren, aber es hilft, mentale Stärke und Selbstvertrauen aufzubauen, wenn man weiß, dass man bei nicht-antizipierbaren Situationen mit einer hohen Reaktions- und auch Aktionsschnelligkeit antworten kann.

Weiterhin muss dem Trainierenden klar gemacht werden, dass der Return ein eigenständiger Schlag ist und mit den Grundlinienschlägen wenig gemeinsam hat. Beim Return steht man in der Regel unter wesentlich größerem Zeitdruck als beim Grundlinienschlag. Das ist auch dadurch bedingt, dass die Bälle beim Aufschlag in der Regel stärker beschleunigt werden. Deshalb wird eine Ausgangsstellung etwas weiter hinter der Grundlinie empfohlen, damit man sich schon während der Aufschlagbewegung des Gegners vorwärts bewegen kann. Dies hat nicht nur den Vorteil, dass man beweglicher auf den ankommenden Ball reagieren kann, sondern auch bei einem Sprung zur Seitenlinie fällt man schräg nach vorne und nicht im ungünstigen rechten Winkel. Zudem wird durch die kürzere Entfernung zum Ball eine günstigere Kraftübertragung gewährleistet (vgl. SCHÖNBORN 1997, S. 136).

Ein Aufschlag-Return-Training könnte wie folgt aussehen: Der Returnspieler ist hoch konzentriert und nimmt die Aufschlags vorbereitenden Bewegungen des Gegners bewusst war. Er bewegt sich schon beim Hochwerfen des Balles nach vorne und im Augenblick des Balltreffens beim Aufschläger folgt ein Splitstep, um die Muskulatur zu aktivieren und vorinnervieren. Danach bewegt er sich in Richtung Treffpunkt. Bei der Schlagtechnik soll der Returnspieler auf eine kurze Ausholbewegung achten. Zudem sollte diese durch die Drehung des Schultergürtels erfolgen, denn die Armbewegung ist dabei nur minimal ausgeprägt. Die Schlagbewegung besteht aus einer starken Rotationsbewegung des ganzen Körpers im biomechanischen Optimum. Bei der Vorhand ist die Beinstellung offen. Dadurch wird eine bessere Balance und Kraftübertragung gewährt. Ein weiterer Vorteil der offenen Beinstellung ist, dass man nach erfolgtem Schlag besser den Platz abdecken kann. Aus diesen Erkenntnissen lässt sich feststellen, dass es zuerst gilt die Returntechnik zu erwerben und dann an der Schnelligkeit zu arbeiten (vgl. ebd. S. 137f.)

Dazu könnte folgende Übungsreihe helfen, die Returntechnik besser zu erlernen (vgl. ebd. S. 138):

- in der ersten Übung wird normal von der Grundlinie aus in vorgegebene Zielfelder aufgeschlagen. Somit kann sich der Returnspieler jeweils auf Vorhand und Rückhand einstellen. Dadurch kommt es auch zum Training der Antizipationsschnelligkeit, der Schnellkraft und der Aktionsschnelligkeit. Hinzu kommt noch das Training der Wahrnehmungsfähigkeit und der Reaktionsschnelligkeit.

- in der zweiten Übung stellt sich der Aufschläger zwei Meter ins Feld und somit wird die Ballfluglänge verkürzt und der Returnspieler steht unter wesentlich höherem Zeitdruck. Dadurch ist er auf eine verkürzte Ausholbewegung angewiesen, sowie auch auf eine beschleunigte Schlagbewegung.

- in einer dritten Übung wird das Ganze noch einmal dadurch gesteigert, dass sich der Aufschläger an die eigene Aufschlaglinie stellt. Nun ist der Returnspieler unter maximalem Zeitdruck und die verschiedenen Schnelligkeitsanforderungen steigen bis zum Maximum.

Bei den letzten beiden Übungen ist anzumerken, dass gemäß der Spielstärke und Spielfertigkeit des Returnspielers die Aufschlaggeschwindigkeit gesteuert werden muss. Das impliziert eine Reduzierung der maximalen Aufschlaggeschwindigkeit. Einen gewissen Nachwirkungseffekt kann man noch gezielt dadurch erreichen, dass man dem Returnspieler bevor er seinen Return spielt, einen Medizinball zuwirft und er diesen wieder zurückwirft. Dies kann sowohl mit der Vorhandbewegung als auch mit der Rückhandbewegung geschehen. Nach fünf bis sieben Ausführungen soll er dann unmittelbar sechs bis acht Returns spielen. Diesen Ablauf soll er drei Mal absolvieren. Nach spätestens drei Monaten sollte sich vor allem die Aktionsschnelligkeit stark verbessert haben (vgl. ebd. S. 138).

4 Zum Training der Aktionsschnelligkeit des Returns beim Tennis

Schaut man der Weltspitze des Tennis mal auf die Beine, dann sind die unterschiedlichen Schlagstellungen egal ob offene oder geschlossene (auch seitliche Schlagstellung genannt) erkennbar. In unterschiedlichen Situationen bieten sie beide Vorteile. Die offene Beinstellung bietet bei einem Schlag in Zeitnot wie zum Beispiel beim Return auf einen schnellen Aufschlag eher Vorteile. Hingegen die seitliche Beinstellung eher bei Angriffsschlägen, denen ans Netz gefolgt wird, Vorteile bietet (vgl. MÜLLER 2005, S. 24).

Die geeignete Beinstellung allein reicht jedoch nicht aus. Es geht auch um die Schnelligkeit und die Beherrschung der verschiedenen Techniken. Beides ist erlern- und trainierbar durch spezielle Übungen. Allerdings gilt, Qualität geht vor Quantität, d.h. höchstmögliche Schnelligkeit wird über einen hoch ausgeprägten, komplexen Steuerungs- und Regelprozess erzielt.
Wie oben schon erwähnt, findet im Schnelligkeitstraining vorwiegend die Wiederholungsmethode Anwendung. In der Literatur wird die Wiederholungsmethode vereinzelt als eigene Trainingsmethode dargestellt. Aber aufgrund des systematischen Wechsels von Belastungs- und Erholungsphasen weist sie strukturelle Ähnlichkeiten mit der Intervallmethode auf (vgl. GEESE, HILLEBRECHT 1995, S. 82). Die Technik selbst ist beim Schnelligkeitstraining nebensächlich, denn die Konzentration des Sportlers sollte voll auf die Ausführungsgeschwindigkeit der Bewegung gelenkt sein. Doch wie trainiert man nun Aktionsschnelligkeit? Beim Tennis gehören Aktionsschnelligkeit und Reaktionsschnelligkeit in engem Zusammenhang, denn zum einen geht es darum die schnellen Aktionen der Verarbeitungsprozesse im Gehirn zu fordern, und zum anderen die für die betreffende Schlagvariante notwendigen Muskelgruppen zu aktivieren. Diese Situation tritt z.B. auch bei Aktionen am Netz auf. So gilt es, Reize zu verarbeiten und dementsprechend schnell die entsprechenden Muskelgruppen zu kontrahieren.

Bei der „reinen“ Aktionsschnelligkeit handelt es sich eigentlich immer um geringe Widerstände, aber aufgrund der Tatsache, dass schnellstmögliche Aktionen teilweise auch von einer gut ausgebildeten Schnellkraft abhängig sind, lässt sich hier keine eindeutige Trennung vornehmen. Ganz im Gegenteil, die Grenzen sind fließend. Jedoch sollte im Sinne einer optimalen Schnelligkeitsausbidlung mit sehr geringen Widerständen gearbeitet werden (vgl. MÜLLER 2010, S. 6).

Bei der Verbesserung der Aktionsschnelligkeit geht es entweder um die Integration bereits ausgebildeter Zeitprogramme in bestimmte Bewegungen oder um die Schulung bestimmter azyklischen Bewegungen in der für die Ausbildung kurzer Zeitprogramme notwendigen Geschwindigkeit. Kommen bei Trainingsübungen tennisspezifische Techniken zum Tragen, so spricht man von einem kombinierten Schnelligkeits-Technik-Training. Folglich ist jedoch die Beherrschung der Bewegungstechniken Voraussetzung zur Verbesserung der Aktionsschnelligkeit. Die Basis sollte eine gut ausgebildete intermuskuläre Koordination bilden, um bei maximaler Bewegungsgeschwindigkeit zu trainieren. Andernfalls muss zunächst in mittleren bis submaximalen Bewegungsgeschwindigkeiten die entsprechende Technik geschult werden (vgl. ebd. S. 6).

4.1 Übungskatalog zum Returntraining

Der strategische Plan erfordert gelegentlich einen bestimmten Rückschlag, was dessen Richtung, Tempo oder Schlagart (z.B. Topspin, Slice, etc.) betrifft (vgl. DTB 1996, S. 149).

1. Übungsbeispiel:

Spieler A schlägt wahlweise auf Vor- oder Rückhand auf und Spieler B versucht jeden Return entsprechend eines strategischen Planes ins gegnerische Feld zu spielen. Der strategische Plan kann die Schlagrichtung, die Schlaglänge, das Tempo oder den Drall betreffen. So könnte die Aufgabe z.B. lauten: entweder mit einem hohen Topspin an die

Grundlinie oder einem Stopball zu antworten, um den sich schlecht vor- bzw. zurückbewegenden Gegner in Bewegung zu halten.

2. Übungsbeispiel:

Spieler A folgt seinem Aufschlag zum Net (serve and volley) und Spieler B trainiert wahlweise den flachen Cross- oder Longline-Return sowie den Return auf die Füße des Aufschlägers. Anschließend wird der Punkt ausgespielt.

3. Übungsbeispiel:

Spieler A serviert sichere zweite Aufschläge und Spieler B retourniert entweder offensiv mit einem „Winner-Schlag“ in die Ecke des Aufschlägers oder als Vorbereitungsschlag für ein Netzangriff. Der Punkt wird dabei immer ausgespielt.

4. Übungsbeispiel:

Spieler A schlägt zwischen der Grund- und T-Linie auf und Spieler B retourniert kurz cross gespielte Bälle. Dabei achtet er auf eine kurze Ausholbewegung, denn durch die verkürzte Distanz des Aufschlägers A zum Netz werden die Bälle schneller bei ihm ankommen.

5. Übungsbeispiel:

Spieler A schlägt cross von rechts auf, läuft vor und Spieler B retourniert frei. Spieler A schlägt den ersten Flugball lang als Vorbereitungsschlag zurück und Spieler B reagiert mit einem Passierschlag. Diesen versucht Spieler A mit einem langen Volley oder einem Volley-Stop zu erreichen und damit das Spiel zu beenden. Der Punkt wird ausgespielt.

Grundsätzlich bestimmt der strategische Plan, wohin der Aufschlag überwiegend gerichtet sein soll und welchen Return der Partner zurückschlägt.

Aufgrund des vielen Zeitvergehens, bis man nach einem Flug- oder Schmetterball wieder in seiner Ausgangsstellung ist, bietet sich eine Gruppengröße von drei bis vier

Spielern an. Sobald der Punkt ausgespielt ist, steht ein Mitspieler für den nächsten Spielzug bereit (vgl. DBT 1996, S. 150).

4.2 Zur Verbesserung der Aktionsschnelligkeit

Für sämtliche Ballsportarten wie zum Beispiel auch Tennis, ist das Ziel die Seitwärtsbewegungen auf dem Spielfeld zu verbessern sowie die Schnellkraft des Armschwungs. Gegen Ende der Vorbereitungsphase für einen Wettkampf sollen die Programme an zwei Tagen pro Woche durchgeführt werden. Zudem soll Krafttraining und sportartspezifische anaerobe Trainingsformen diese ergänzen (vgl. McNeely, Sandler 2010, S. 167).

Grundsätzlich gilt, dass der Sportler beim Schnelligkeitstraining gut aufgewärmt und gedehnt sein muss. Des Weiteren soll er auch gut erholt und nicht durch Vorbelastungen in der Trainingseinheit ermüden. Zusätzlich soll er hochkonzentriert und motiviert sein und darüber hinaus auch noch mit maximaler Intensität handeln. Einige Autoren fordern zusätzlich noch eine permanente Rückmeldung über erzielte Ergebnisse im Schnelligkeitstraining (vgl. Weigelt 1997, S. 69). So fordern sie, dass das Technikerwerbstraining immer unter störungsfreien und standardisierten Bedingungen durchgeführt werden soll. Somit wird der Terminus maximale Intensität differenziert betrachtet, indem es einen Zusammenhang zwischen Schnelligkeit und Technik der Zielbewegung gibt. Folglich gilt es Schnelligkeit und Technik gemeinsam zu entwickeln (vgl. ebd. S. 70). Aus diesen wissenschaftlichen Erkenntnissen folgern die Autoren, dass der Umfang im Schnelligkeitstraining eher gering sein sollte, um Ermüdungserscheinungen zu vermeiden. Daher wird auch die Wiederholungsmethode mit vollständigen Pausen empfohlen. Die Pausen sollten auf der einen Seite kurz gestaltet werden, damit sich die Erregbarkeit des Nervensystems nicht verringert. Auf der anderen Seite sollten sie so lang sein, dass sich die Kennziffern der vegetativen Funktionen mehr oder weniger vollständig wiederherstellen können (vgl. ebd. S. 71). „Aus diesen Überlegungen heraus kann damit die optimale Wiederholungszahl pro

Serie/ Trainingseinheit (Massierung) von Sportart zu Sportart möglicherweise Schwankungen unterworfen sein, ebenso die Anzahl der Serien und deren zeitlicher Abstand" (WEIGELT 1997, S. 71).

4.3 Trainingsmethode zur Verbesserung der Aktionsschnelligkeit

Im Folgenden ist eine Trainingsmethode zur Verbesserung der Aktionsschnelligkeit von Michael Müller aufgezeigt.

Vorweg sei noch einmal auf die Wichtigkeit des Aufwärmens im Sport hingewiesen. Das Aufwärmen vor einem jeden Training oder Wettkampf ist eine unverzichtbare Tätigkeit, denn es fördert die aktuelle sportliche Leistungsfähigkeit und kann zur Verletzungsvorbeugung beitragen. Es wird zwischen allgemeinem und speziellem Aufwärmen unterschieden. Beim allgemeinen Aufwärmen ist das übergeordnete Ziel, durch aktive Muskelarbeit großer Muskelgruppen diese insgesamt auf ein höheres Niveau zu bringen. Das spezielle Aufwärmen ist ein sportartspezifisches Aufwärmen und erfolgt disziplinspezifisch. Das bedeutet, es werden solche Bewegungen ausgeführt, die der Erwärmung derjenigen Muskeln dienen, die in direktem Zusammenhang mit der jeweiligen Sportart stehen. So ist das Einspielen im Tennis eine Art Auffrischung der abgespeicherten Bewegungen, um sich den aktuellen Bedingungen anzupassen wie z.B. Ball- und Platzeigenschaften (vgl. FRIEDRICH 2007, S. 224ff.). Weiterhin beinhaltet das spezielle Aufwärmen die typischen Laufbeanspruchungen, wie sie auf dem Spielfeld gefordert werden. Dazu zählen schnelle kurze Antritte zum Netz, Steigerungsläufe über die Felddiagonale, Seitgalopp an den Grundlinien und andere Variationen. Diese sind in beliebiger Reihenfolge anwendbar, sollten jedoch zu keiner Zeit zur Ermüdung führen und somit nicht länger als fünf Minuten dauern (vgl. DANGEL, REICHARDT 1988, S. 86).

Hauptsache es kommen verschiedene Übungen zur Anwendung und nicht immer die gleichen.

Tab. 1: Belastungsfaktoren beim Training der Aktionsschnelligkeit	
Reizintensität	maximal bis supramaximal[4]
Reizdauer	sollte mit der des Wettkampfs übereinstimmen, weil Schnelligkeitsreize von der Funktionstüchtigkeit des Nervensystems abhängig sind
Reizdichte	Pausendauer zwischen den einzelnen Übungseinheiten sollte so gestalten werden, dass sich das neuromuskuläre System erholen kann. Es wird nach der Wiederholungsmethode trainiert, die im Gegensatz zur Intervallmethode eine nahezu komplette Wiederherstellung der Leistungsfähigkeit erlaubt.
Reizumfang	es wird nach Serienprinzip trainiert, um trotz maximaler Intensität einen relativ hohen Reizumfang zu realisieren.
Quelle: eigene Darstellung aus den Daten von MÜLLER 2010, S. 6	

4.4 Schnellkraftprogramme für Anfänger, Fortgeschrittene und Könner

Die folgenden Programme sind aus dem Werk von McNeely und Sandler entnommen und sollen als Anregung und ersten Einstieg dienen.

[4] „Die Supramaximale Schnelligkeit ist eine über der individuell-maximal erreichbaren Schnelligkeit liegende Geschwindigkeit. Sie wird beim Sprinttraining unter sog. Zwangsbedingungen (z.B. Zugläufe) erreicht und kann zur Erhöhung der Bewegungsschnelligkeit und Überwindung der Schnelligkeitsbarriere führen" (GROSSER, RENNER 2007, S. 19).

Tab. 2: Schnellkraftprogramme für Anfänger, Fortgeschrittene und Könner		
Einsteiger		
Übung	**Serien**	**Wiederholungen**
Weitsprung aus dem Stand	3	5
Hürdenhüpfer seitwärts	3	5
Hüpfer in verschiedene Richtungen	2	5
Rumpfrotationen im Sitzen	2	8
Verdrehte Situps mit Wurf	2	5
Wurf aus dem umgedrehten Handgelenk	3	5
Fortgeschrittene		
Übung	**Serien**	**Wiederholungen**
Diagonalsprung von einem Bein aufs andere	3	5
Einbeinige Hüpfer	4	5
Seitwärtssprung, Landung auf einem Bein	3	5
Wurf aus der Drehung	3	5
Wurf in die Höhe aus dem Stand	3	5
Trizeps-Überkopfwurf	3	5
Könner		
Übung	**Serien**	**Wiederholungen**
Seitwärtshüpfer auf einem Bein	3	5
Abstoßen mit wechselndem Bein	4	5
Weitsprung auf einem Bein	3	5
Seitwärtssprung von einem Bein aufs andere	4	5
Sandsackstoßen mit einem Arm	3	5
Seitwärtswurf mit einer Hand	3	5

Seitwärtswurf aus gebückter Haltung	3	5
Quelle: vgl. McNeely; Sandler 2010, S. 167		

4.5 Weitere Übungen

Zu den eben gegebenen Anregungen folgen nun noch ein paar Trainingspools. Damit ist ein Sammelsurium an Übungen zum einem Thema gemeint, auf die man immer wieder zurückgreifen und nachschlagen kann.

1. Lauf-ABC als ein erstes Trainingspool:

- Fußgelenksläufe
- Tappings
- Skippings
- Anfersen
- Sprints über kurze Strecken (5 bis 15 Meter) und
- Widerstandsläufe gegen ein Gummiband

Dabei ist die Belastungsdosierung je nach Stärken und Schwächen sowie nach Leistungsvermögen jedes einzelnen Spielers zu bestimmen (vgl. Born 2007, S.42).

2. Lauf durch die Leiter in vielen Variationen als ein zweites Trainingspool:

- insbesondere seitliches Laufen
- Rein-raus mit Stop and go
- Richtungswechsel
- Vor und zurück
- Überkreuzlaufen

- Lauf durch die Leiter in Kombination mit Sprüngen oder auch Schlagimitationen

Gerade die sog. Koordinationsleiter ist ein beliebtes Hilfsmittel für verschiedene Läufe (vgl. ebd. S. 42).

3. Tennisplatzsprints als ein drittes Trainingspool:

- Dreiecksprint:
- Fächerlauf:
- Pendelsprint:
- Variation des Pendelsprints:

Gerade verschiedene Sprintvarianten können gut auf dem Tennisplatz trainiert werden. (vgl. ebd. S. 43).

5 Fazit

Auch wenn in der medialen Berichterstattung dem Aufschlag die größte Aufmerksamkeit gewidmet wird, wie beim Fußball dem Torschützen und nicht dem Verteidiger, so stellt diese Arbeit den Return in den Mittelpunkt. Es wurde herausgearbeitet, dass zum Schlagen eines guten Returns viele Faktoren zusammenspielen. Neben der mentalen Vorbereitung auf den Aufschlag, sind dies im Wesentlichen

- das schnelle Erkennen der Absicht des Aufschlägers gepaart mit Intuition und Antizipation,
- eine hohe Aktionsschnelligkeit,
- die richtige Schlägerhaltung und die richtige Ausrichtung zum Ball.

Das Hauptaugenmerk der Arbeit lag auf der Aktionsschnelligkeit. Es wurden die bewegungstheoretischen Grundlagen in Bezug auf Schnelligkeit erarbeitet und auf die Besonderheiten der Aktionsschnelligkeit eingegangen. Es stellte sich heraus, dass diese trainiert werden kann (und muss) und es wurden entsprechende Trainingspläne zusammen gestellt. Hier steht eine praktische Umsetzung noch aus.

Das Literaturstudium hat aufgezeigt, dass die Wichtigkeit des Returns zwar erkannt ist, aber aus meiner Sicht noch nicht genug Aufmerksamkeit gewidmet wird. Hier gilt es anzusetzen und die Trainingsprogramme entsprechend umzugestalten. Aus Sicht eines jungen Spielers macht es vermutlich mehr Spaß an einem wirkungsvollen Aufschlag zu arbeiten als an einem guten Return. Ich hoffe, dass die vorgeschlagenen Trainingsprogramme hier entgegenwirken und positiv angenommen werden.

Insgesamt hat mir die Arbeit an dem gestellten Thema sehr viel Spaß gemacht und ich habe neue Eindrücke für die Trainingsarbeit gewonnen. Ich habe vor diese in meinen wöchentlichen Trainingseinheiten mit meinen Schülern umzusetzen und bin gespannt, wie meine Schützlinge auf die neuen Methodiken reagieren und ob es tatsächlich zu einem verbesserten Returnverhalten kommt.

6 Literaturverzeichnis

Born, H.-P. (2007): Höchste Qualität. *Deutsche Tennis Zeitung, 61* (4), 40 – 43.

Banzer, W. & Thiel, C. (2009): *Schnelligkeit im Tennis.* DUNLOP ProMagazin. Das Magazin zur Verbesserung deines Tennisspiels. Zugriff am 14. Juli 2011 unter http://www.teamdunlop.de/promagazin/promagazin092009.htm

Dangel, G.; Reichardt, H. (1988): *Fit und gesund im Sport. Allgemeine Grundlagen, ausgewählte Gymnastik und gezieltes Krafttraining.* Sindelfingen: Sport Verlag GmbH.

Deutscher Tennis Bund (2001): *Tennis – Lehrplan Band 1. Technik & Taktik* (8., durchgesehene Auflage). München: BLV Verlagsgesellschaft mbH.

Deutscher Tennis Bund (1996): *Tennis – Lehrplan Band 2. Unterricht & Training* (7., völlig neubearbeitete Auflage). München: BLV Verlagsgesellschaft mbH.

Deutscher Tennis Bund (2010): *Regeln und Ordnung.* Zugriff am 05.07.2011 unter http://www.dtb-tennis.de/3905.php?selected=1068&selectedsub=3880.

Dierks, B.; Lühnenschloß, D. (2005): *Schnelligkeit.* In Haag, H.; Kröger, C.; Roth, K. (Hrsg.), *Bewegungskompetenzen.* Schorndorf: Verlag Karl Hofmann.

Draksal, M.; Nittinger, N. (2002): *Mentales Tennis-Training. Ein praktisches Arbeitsbuch für Spieler und Trainer.* 1. Auflage. Linden: Draksal.

Friedrich, W. (2007): *Optimales Sportwissen. Grundlagen der Sporttheorie und Sportpraxis für die Schule.* 2., vollständig überarbeitete und erweiterte Auflage. Balingen: Spitta Verlag GmbH & Co.KG.

Geese, H.; Hillebrecht, M. (2006): *Schnelligkeitstraining.* (2. Auflage). Aachen: Meyer & Meyer Verlag.

Geowissen (2007): *Rangliste: Die beliebtesten Sportarten.* Zugriff am 18.07.2011 unter http://www.geo.de.

Grillmeister, H. (2002): *Von den Anfängen bis zur Gründung. Ritterliche Spiele.* In Deutscher Tennis Bund e.V. (Hrsg.), Tennis in Deutschland (S. 12 – 35). Berlin: Duncker & Humblot GmbH.

Grosser, M.; Renner, T. (2007): *Schnelligkeitstraining. Grundlagen, Methoden, Leistungssteuerung, Programme für alle Sportarten.* (2., neu bearbeitete Auflage). München: BLV Buchverlag GmbH & Co.KG.

Heß, H. (1992): *Die Beinarbeit im Tennis. Konditionelle, taktische, antizipatorische und technische Komponenten.* (Band 89 – 1. Auflage). Ahrensburg: Czwalina.

Höhn, C. (2007): Die richtige Aufschlagtaktik. *TennisSport, Fachzeitschrift für Tennistraining in Theorie und Praxis, 18* (1), 10 – 13.

Hohmann, A.; Lames, M.; Letzelter, M. (2007): *Einführung in die Trainingswissenschaft* (4., überarbeitete und erweiterte Auflage). Wiebelsheim: Limpert Verlag GmbH.

Jendrusch, G. (1995): *Visuelle Leistungsfähigkeit von Tennisspieler(inne)n*. Köln: Bundesinstitut für Sportwissenschaft.

Kästner, E. (1952): *Die kleine Freiheit. Chansons und Prosa 1949 – 1952.* Berlin: Atrium.

Kicker Online (2011): *251 km/h! Karlovic bricht Aufschlag-Weltrekord.* Zugriff am 11.08.2011 unter http://www.kicker.de/news/tennis/startseite/549466/artikel_251-km2fh-karlovic-bricht-aufschlag-weltrekord.html.

Letzelter, M. (1984): *Trainingsgrundlagen. Training Technik Taktik.* Reinbek bei Hamburg: Rowohlt Taschenbuch Verlag GmbH.

McNeely, E.; Sandler, D. (2010): *Erfolgreich durch Schnellkrafttraining.* Aachen: Meyer & Meyer Verlag.

Müller, J. (2005): Bei(n)spiele. *Deutsche Tennis Zeitung, 60* (10), 24 – 25.

Müller, M. (2010): *Schnelligkeit im Tennis.* DUNLOP ProMagazin. Das Magazin zur Verbesserung deines Tennisspiels. Ausgabe 3. Zugriff am 14. Juli 2011 unter http://dunlop-sport.atrivio.net/promagazin112010/pdf/Dunlop-ProMagazin-November2010.pdf

Picture Push (2011): *Roger Federer Return Tennis Photo Album*. Zugriff am 18.07.2011 unter http://bbyao06c.picturepush.com/showformat.php?format=1024&alid=75088&imgid=5016644&clid=26599

Schönborn, R. (1997): *Training der Schnelligkeit auf dem Tennisplatz am Beispiel des Returns und des Passierballs.* In Born, H.-P.; Hölting, N.; Weber, K. (Hrsg.), *Schnelligkeit im Tennis* (S. 136-140). Hamburg: Czwalina.

Speckner, M.; Sturm, K.; Dr. Wohlmann, R. (2006): *Techniktraining: Aufschlag und Return.* In: Bayerntennis (12). Zugriff am 20.08.2011 unter http://www.btv.de/BTVToServe/abaxx-?$part=btv.common.getBinary&docPath=/content/BTV/_Training%20und%20Ausbildung/Trainingstipps/Wettkampftraining/Techniktraining%20Aufschlag%20und%20Return_Download&docId=1037569

Voß, G.; Witt, M.; Werthner, R. (2007): *Herausforderung Schnelligkeitstraining.* Aachen: Meyer & Meyer Verlag.

Weigelt, S. (1997): *Die sportliche Bewegungsschnelligkeit. Ein trainingswissenschaftliches Modell und empirische Befunde.* 1.Auflage. Köln: Sport und Buch Strauß GmbH.

Weineck, J. (2010): *Sportbiologie* (10., überarbeitete und erweiterte Auflage).Balingen: Spitta Verlag GmbH & Co. KG

7 Anhang

Ausgewählte Regeln mit Augenmerk auf Aufschlag und Return

In diesem Abschnitt werden die wichtigsten Tennisregeln, insbesondere die Rahmenbedingungen, kurz vorgestellt. Für ein umfassendes Regelwerk wird auf die Homepage des DTBs verwiesen.
Das Spielfeld ist ein Rechteck von 23,77 m Länge. Die Breite hängt von der Spielart ab. Für Einzelspiele beträgt sie 8,23 m und für Doppelspiele 10,97 m. In der Mitte ist das Spielfeld durch ein Netz geteilt, das an einem Seil oder Metallkabel hängt. Gespannt ist das Seil an zwei Netzpfosten auf einer Höhe von 1,07 m, sodass das Netz in der Mitte des Spielfeldes 91,4 cm hoch hängt. Zusätzlich wird es durch einen Netzhalter gestrafft. Die Maschen des Netzes müssen ausreichend eng sein, um zu gewährleisten, dass kein Ball hindurch kann.
Für Doppelspiele muss die Mitte der Netzpfosten auf beiden Seiten jeweils 91,4 cm außerhalb des Doppelspielfeldes liegen und das Doppelnetz auf einer Höhe von 1,07 m von zwei Einzelstützen gestützt werden, deren Mitte auf jeder Seite 91,4 cm außerhalb des Einzelspielfeldes liegt. Wird hingegen für Einzelspiele ein Einzelnetz verwendet, muss die Netzpfostenmitte auf jeder Seite 91,4 cm außerhalb des Einzelspielfeldes liegen. Jede Grundlinie wird durch ein 10 cm langes Mittelzeichen, das innerhalb des Spielfeldes und parallel zu den Einzel-Seitenlinien gezogen wird, in zwei Hälften geteilt. Dabei müssen die Breite des Mittelzeichens und die der Aufschlagmittellinie 5 cm betragen, während die anderen Linien des Spielfeldes zwischen 2,5 cm und 5 cm breit sein sollten. Ausgenommen ist die Grundlinie, deren Breite bis zu 10 cm betragen darf.
Darüber hinaus müssen die Linien in einer einheitlichen Farbe sein und sich von der Farbe des Spielbelages unterscheiden. Alle Spielfeldmaße werden von der Außenkante der Linie gemessen, da die Linie noch zum Spielfeld dazuzählt. Als Richtlinie für internationale Wettbewerbe, beträgt die empfohlene Mindestentfernung zwischen den

Grundlinien und den hinteren Einzäunungen 6,40 m. Zwischen den Seitenlinien und den seitlichen Einzäunungen beträgt die empfohlene Mindestentfernung 3,66 m.
Um nun den Bogen für ein besseres Verständnis des Themas zu spannen wird an dieser Stelle das Aufschlagfeld beschrieben. Die Linien an den Enden des Spielfeldes werden Grundlinien und die an den Seiten des Spielfeldes werden Seitenlinien genannt. Parallel zum Netz werden jeweils im Abstand von 6,40 m zwei Linien zwischen den Einzel-Seitenlinien gezogen. Diese Linien werden Aufschlaglinien genannt. [In der Trainingssprache wird hier auch von der sog. T-Linie gesprochen.] Zu beiden Seiten des Netzes wird die Fläche zwischen der Aufschlaglinie und dem Netz durch die Aufschlagmittellinie in zwei gleiche Hälften, die Aufschlagfelder, geteilt. Vergleiche dazu untenstehende Abbildung 11 und siehe rot markierte Flächen. Die größere rot markierte Fläche stellt das eben beschriebene Aufschlagfeld dar, in welches der Aufschlagende, wenn er von rechts aufschlägt, zu treffen hat. Die andere rote Fläche direkt hinter der Grundlinie markiert den Bereich, in dem sich der Aufschlagende positionieren darf.

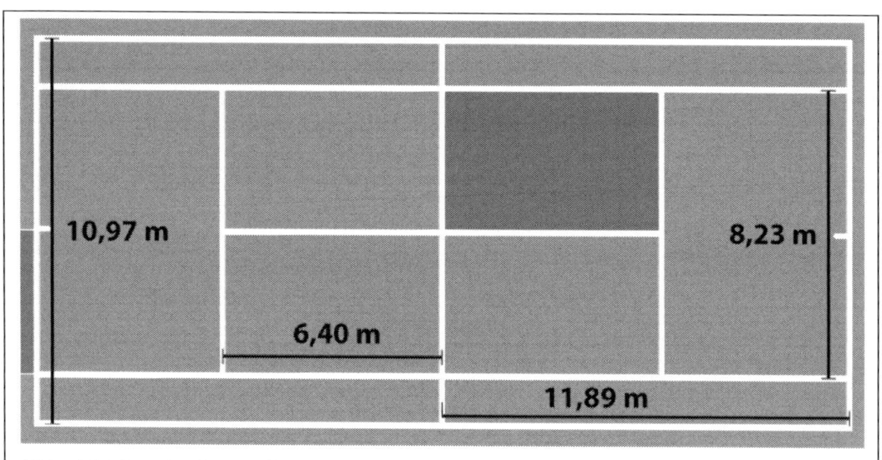

Abb. 11: Tennisplatzmaße
(modifiziert nach http://upload.wikimedia.org/wikipedia/commons/ thumb/c/c5/Tennis_court_metric.svg/180px-Tennis_court_metric.svg.png, 18.07.2011)

Die Aufschlagmittellinie wird parallel zu den Einzel-Seitenlinien und genau in der Mitte zwischen diesen gezogen (vgl. DTB 2010, Tennisregeln der International Tennis Föderation, S. 72).

Gezählt wird, wie in der Geschichte des Tennissports erläutert (siehe weiter im Anhang), im Standard-Punktesystem. Kein Punkt steht für »Null«, der erste Punkt wird »15« gezählt, der zweite Punkt »30«, der dritte Punkt »40« und der vierte Punkt bedeutet »Spiel«. Ausnahme ist, wenn beide Spieler drei Punkte erzielt haben, dann steht es »Einstand«. Der nächste ausgespielte Punkt zählt für denjenigen als »Vorteil« und wenn dieser noch einen Punkt erzielt, hat er das »Spiel« gewonnen. Derjenige, der also beim Einstand (»40« zu »40«) zwei Punkte in Folge erzielt, gewinnt das »Spiel« (vgl. ebd. S. 75).

Die Spieler bzw. Doppelpaare stellen sich auf den gegenüberliegenden Seiten des Netzes auf. Der Aufschläger ist der Spieler, der den Ball für den ersten Punkt ins Spiel bringt. Dies geschieht zu Beginn immer von rechts, danach von links und immer im Wechsel. Dabei darf der Aufschläger sich immer nur hinter der Grundlinie zwischen der Mitte der Grundlinie und der jeweils äußeren Begrenzungslinie hinstellen. Der Rückschläger ist der Spieler, der bereit ist, den vom Aufschläger aufgeschlagenen Ball zurückzuschlagen. Dabei darf er jede Position innerhalb oder außerhalb seines Spielfeldes einnehmen. Der Aufschlag muss in das vorgegebene Aufschlagfeld aufkommen (vgl. ebd. S. 77).

Geschichte des Tennissports

Bevor die Geschichte des Tennissports ein wenig aufgearbeitet wird, ein Zitat von Erich Kästner, welches die Herausforderung „Tennis" sehr schön beleuchtet:

> *„Tennis ist ein Duell auf Distanz, noch dazu das einzige Beispiel dieser Spezies. Insofern gleicht es, auf anderer Ebene, der Forderung auf Pistolen. Der wesentliche Unterschied besteht darin, daß man sich nicht abmüht, dahin zu schießen, wo der Gegner steht, sondern möglichst dorthin, wo er nicht steht. Außerdem, doch das zählt nur als Folge, ist Tennis ein höchst bewegliches Duell. Da der beste Schuß jener ist, der am weitesten danebentrifft, und da der Gegner mit der gleichen Kugel und derselben Absicht zurückschießt, lautet der wichtigste Tennislehrsatz: Laufenkönnen ist die Hauptsache. Wer die unermüdliche Fähigkeit besitzt, rechtzeitig und in der richtigen Stellung »am Ball« zu sein, wird auch den schlagstärksten Gegner besiegen. Wer je erlebt hat, wie ein Überathlet im Court von einem wieselgleichen Läufer herumgehetzt wurde und schließlich zusammenbrach, weiß das zur Genüge"* (KÄSTNER 1952, S. 182).

Die Faszination Tennis, wie es aus den Zeilen von Kästner herauszulesen ist, wird von vielen Menschen weltweit geteilt. So zählt Tennis, nach Fußball und Handball zu den beliebtesten Sportarten in Deutschland (vgl. GEOWISSEN 2007 unter www.geo.de, 18.7.2011).

Was viele Menschen nicht wissen und selbst Tennisspieler ins Staunen versetzt, ist die Tatsache, dass Fußball und Tennis zur gleichen Sportfamilie gehören. Fußball ist der Urahne des Ballsports, aus dem sich Tennis entwickelte. Schon im Mittelalter haben die Menschen sich auch gerne spielerisch bewegt. Die Entstehung des Fußballs ist hierbei dem prestigereichsten Sport des Mittelalters zu verdanken, dem ritterlichen Turnier. Hier gab es unter anderem eine Disziplin, bei der es um Angriff und Verteidigung ging. Zwei Reiter-Mannschaften treten gegeneinander an und versuchen eine mit Heu ausgestopfte Lederhülle durch ein imaginäres Burgtor zu bugsieren. Dies glich mehr einer öffentlichen Prügelei, was die geistliche Obrigkeit dazu bewog, den Dienern Gottes zu verbieten, sich an diesem Spiel zu beteiligen. So entwickelte sich hinter verschlossenen Mauern in den Kreuzgängen der Klöster eine abgewandelte Form des

Abb. 12:
Deutscher Tenniscourt des 17.Jahrhunderts
(vgl. GRILLMEISTER 2002, S. 14)

draußen als Fußball bezeichneten Spiels. Es hieß „jeu de la paume“, was ins Deutsche übersetzt so viel wie „Spiel mit der flachen Hand“ bedeutet. Die Angabe wurde zunächst mit der flachen Hand vorgenommen (ähnlich wie im heutigen Volleyball), mit dem Ziel das Schrägdach der Galerie zu berühren. Nachdem der Ball vom Dach herunter gerollt kam, musste er wieder zurück befördert werden. Dabei durften auch die Füße zum Einsatz kommen. Allerdings war das Eindreschen auf den harten Stopfball ziemlich schmerzhaft und die anfangs verwendeten ledernden Handschuhe zur Linderung der Schmerzen erfüllten ihren Zweck nur Unvollständig. Anstelle der Fäustlinge kamen darauf mit Schafsdarm bespannte Schläger zum Einsatz. Im Jahre 1505 wurde erstmals der Begriff Racket[5] erwähnt. Es wurde nach sehr komplizierten Regeln gespielt, die mit dem heutigen Tennis nur noch wenig zu tun haben. Eine Gemeinsamkeit gibt es aber und zwar durfte der Ball nur nach dem ersten Aufspringen oder direkt aus der Luft gespielt werden, was auf Französisch *à la voleé* genannt wurde und zu Deutsch *Volley* heißt (vgl. GRILLMEISTER 2002, S. 14).

[5] **„racket“ kommt aus dem Englischen und heißt ins Deutsche übersetzt „Schläger“**

Abb. 13: „Wingfieldian court“: Ein stundenglasförmiger Platz (vgl. GRILLMEISTER 2002, S. 20)

Der Umstand, dass um Geld gespielt wurde erklärt vermutlich auch unsere heutige Zählweise. Dies ist allerdings nur eine Vermutung, dessen Ursprung darin liegt, dass der Wetteinsatz jedes Ballanspiels ein *gros denier tournois* betrug. Dieser in der Stadt Tours geprägte Pfennig (französisch *deniers*) war fünfzehn Pfennig wert. Warum allerdings nur bis 40 und dann „Spiel“ gezählt wird und nicht 15, 30, 45, usw. liegt ebenfalls einer Vermutung zugrunde und zwar der, dass es wahrscheinlich auf Dauer zu teuer für die Spieler geworden wäre (vgl. ebd. S. 16). Das von den Franzosen erfundene Tennisspiel gelangt erst 1450 nach Deutschland als ein rheinischer Klosterbruder, eine Tennisallegorie des Flamen Jan van den Berghe in seine Mundart übersetzt. In der Rheinlandpfalz war noch bis nach dem Zweiten Weltkrieg die

französische Bezeichnung *tenez* (zu Deutsch „haltet, verteidigt [eure Stellung]") bekannt. Eigentlich war es der Ausruf „tenez!" mit dem im alten Frankreich ein Tennisservice eingeleitet wurde. Aus diesem Ruf ist dann aus dem Englischen das Wort ‚Tennis' entstanden (vgl. ebd. S. 17).
Das Spiel gelangte erst ziemlich spät nach Deutschland. Im Norden über Umwege aus den Niederlanden wurde Tennis als „Katzenspiel" (niederländisch *kaetsspel*) bekannt. Im Süden aus Frankreich kommend hieß die Katzbahn Ballhaus. Im Gegensatz zu der im Norden eingeführten Variante hatten die *jeu de la paume*-Spieler ein Dach über den Kopf (vgl. ebd. S. 18).

Die Französische Revolution hat letztendlich den Niedergang des Spiels der Aristokraten und der Bourgeoisie auf dem europäischen Kontinent beschleunigt. Nur in England wurden noch die kostspieligen Ballhäuser aufrechterhalten. Im Jahre 1874 ließ sich ein englischer Major namens Walter Clopton Wingfield sein Spiel des „Sphairistikè" oder auch „Lawn Tennis"[6] genannt, patentieren (vgl. ebd. S. 20).

Die ersten Klubs wurden kurze Zeit später gegründet. Allerdings erkannte ein gewisser A. Boursée, dass aufgrund des Klimas in Deutschland sich die Idee des Tennisspiels auf dem Rasen nicht etablieren würde. Daraufhin entwickelte sich der Hartplatz. Von allen gegründeten Vereinen der damaligen Zeit, ist der Heidelberger Klub, der damals im Juli 1890 gegründet wurde und noch bis heute beständig ist, der älteste Klub Deutschlands (vgl. ebd. S. 23).

In erster Linie war das Lawn Tennis Wingfield'scher Prägung ein Zeitvertreib, doch Carl August von der Meden versuchte die Attraktivität des Tennisspiels durch Turniere zu steigern (vgl. ebd. S. 24). Er wurde zum ersten Präsidenten des Deutschen Tennis Bundes gewählt und nach seinem Tod hat man im Jahre 1914 zu seinem Gedenken die noch immer ausgetragenen Meden-Spiele eingeführt (vgl. ebd. S. 288).

---

[6] **„Rasentennis"**

Schlagtechniken

Die Anzahl der Schlagtechniken vervielfältige sich mit zunehmender Entwicklung des Tennisspiels. Von daher ist sich die Tennisliteratur auch nicht immer einig über manche Begrifflichkeiten. So wird zum Beispiel ein Ball, der aus der Luft gespielt wird im Englischen als Volley bezeichnet und im Deutschen als Flugball. Ein weiteres Beispiel ist der englische Ausdruck Slice, was in der deutschen Sprache einen Ball mit einer Rückwärtsrotation meint. Hier ist aber darauf hinzuweisen, dass beim Slice-Aufschlag (siehe oben) vorwiegend eine seitliche Rotation gemeint ist (vgl. ebd. S. 77). Im Folgenden verwende ich die Begriffe aus dem Tennis-Lehrplan des Deutschen Tennis Bundes. Dieser unterscheidet bei den Schlagtechniken zwischen Grundtechniken und Technik-Variationen. In der nachfolgenden Tabelle 1 auf der nächsten Seite sind die verschiedenen Techniken aufgeführt und werden an dieser Stelle ohne weitere Erläuterungen genannt:

Tab. 3: Techniken	
Techniken	
Grundtechniken	**Technik-Variationen**
Grundschlag Vorhand	Topspin Vorhand
Grundschlag Rückhand	Topspin Rückhand
Beidhändige Rückhand	Beidhändiger Topspin Rückhand
	Stop Vorhand
	Stop Rückhand
Flugball Vorhand	Flugballstop Vorhand
Flugball Rückhand	Flugballstop Rückhand
	Halbflugball Vorhand
	Halbflugball Rückhand
	Slice Vorhand
	Slice Rückhand
Gerader Lob Vorhand	Topspin Lob Vorhand
Gerade Lob Rückhand	Topspin Lob Rückhand
	Slice Lob Vorhand
	Slice Lob Rückhand
Schmetterball	Schmetterball im Sprung
	Rückhandschmetterball
Aufschlag	Slice-Aufschlag
	Kick-Aufschlag (Twist-Aufschlag) Gerader Aufschlag??
Quelle: Eigene Darstellung aus den Daten des DTB 2001[7]	

[7] im Anhang befindet sich diese Tabelle nochmals mit den englischen Fachbegriffen übersetzt

Zur Vollständigkeit die gleiche Tabelle mit den englischen Begrifflichkeiten, die wie oben schon erwähnt in der Literatur viel verbreiteter sind.

Tab. 4: Techniques

Techniques	
Ground techniques	**Technique variations**
ground stroke forehand	top spin Vorhand
ground stroke backhand	top spin Rückhand
two-handed backhand	tow-handed top spin backhand
	drop-shot forehand
	drop-shot backhand
volley forehand	drop-volley forehand
volley backhand	drop-volley backhand
	half-volley forehand
	half-volley backhand
	slice forehand
	slice backhand
flat lob forehand	top spin lob forehand
flat lob backhand	top spin lob backhand
	slice lob forehand
	slice lob backhand
smash	smash in jump
	backhand smash
service	sliced service
	twist

Quelle: Eigene Darstellung aus den Daten des DTB 2001

Aufschlagphasen

Den Aufschlag kann man wie jede Schlagtechnik in Phasen einteilen. Es gibt die Ausholphase, die Schlagphase und die Ausschwungphase. Beim geraden Aufschlag wird der Schläger mit dem Rückhand- oder Mittelgriff gefasst. Die Stellung der Füße ist etwa schulterbreit auseinander, um eine stabile Ausgangsstellung zu gewährleisten. In der nebenstehenden Abbildung 13a lässt sich gut die Ausholbewegung erkennen, in dem der Schläger pendelartig im unteren Bogen zuerst abwärts, dann aufwärts geführt wird (Bild 1 - 3). Gleichzeitig wird der Oberkörper gedreht (Bild 3 und 5) und das Körpergewicht kurzfristig auf das rechte Bein verlagert. Beim Rechtshänder wird der Ball mit der linken Hand gerade nach oben geworfen und die rechte Hand mit dem Schläger befindet sich hinter dem Rücken. Die Schulterachse neigt sich zunehmend rückwärts-abwärts (Bild 3 - 5). Das Gewicht verlagert sich zunehmend auf den linken Fuß, während die Knie, vor allem das Linke, gebeugt ist und das Becken nach vorne geschoben wird (Bild 4 - 5). Durch die Rücklage des Oberkörpers vervollständigt sich die Bogenspannung und ermöglicht dadurch einen langen Beschleunigungsweg. Dieser wird durch die Körperstreckung, die von unten nach oben eingeleitet wird, ausgenutzt (Bild 6 - 8) (vgl. ebd. S. 104).

Abb. 14a: Aufschlagphasen 1 bis 8
(vgl. DTB 2001, S. 104)

Zuerst strecken sich die Knie, danach kontrahieren nacheinander Hüft-, Bauch-, Brust- und Schultermuskulatur (siehe Abbildung 13b Bild 7 - 9). Es folgt die Streckung des Arms im Ellenbogengelenk (Bild 9, 10) und schließlich wird das Handgelenk gebeugt (Bild 11). Im Treffpunkt ist die Schulter des Schlagarms so hoch wie möglich und linker Fuß, rechte Schulter und Schlaghand bilden eine senkrechte Achse. Der linke Arm bleibt zur Stabilisation vor dem Körper. Nach dem Treffen proniert der Unterarm weiter (Bild 12, 13) und aufgrund der hohen Beschleunigung des Schlägers kippt das Handgelenk am Ende nach rechts-vorwärts ab (Bild 14). Das Ausschwingen erfolgt über die linke Körperseite (vgl. ebd. S. 105).

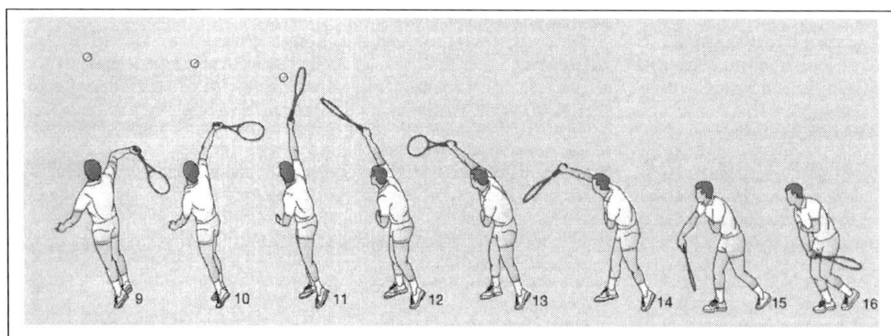

Abb. 14b: Aufschlagphasen 9 bis 16
(vgl. DTB 2001, S. 105)

Diese Beschreibung steht in noch ausführlicherer Form im Tennis-Lehrplan Band 1 und gilt als Orientierung. Individuelle Bewegungsspielräume sind dabei zugelassen und unter Umständen auch gewünscht.

8 Glossar

tennisspezifischer Fachbegriff	**umgangssprachliche Übersetzung**
beidhändig	den Schläger mit beiden Händen greifen
break	das Aufschlagspiel des Gegners gewinnen
cross	diagonal gespielter Ball
Lob	den Ball über den sich am Netz befindlichen Gegner rüber zu spielen
longline	gerader, parallel zur Seitenlinie gespielter Ball
Schlägerkopf	damit wird das obere Ende des Schlägers bezeichnet
Splitstep	ein kleiner Sprung in die Bereitschaftsstellung, um die Muskeln zu aktivieren und vorinnervieren
taktische Aufgabe	taktische Übungen zu situationsbezogenen Aufgaben
Topspin	ein mit Vorwärtsdrall gespielter Ball
zweiter Aufschlag	wenn der 1. Aufschlag nicht ins vorgegebene Aufschlagfeld trifft, kommt der 2. Aufschlag zum Tragen (dieser wird meist mit mehr Sicherheit gespielt)